U0216268

茶修

王琼 著

漓江出版社
桂林

图书在版编目（ＣＩＰ）数据

茶修 / 王琼著 . -- 桂林：漓江出版社，2019.3（2024.6 重印）
ISBN 978-7-5407-8586-4

Ⅰ . ①茶… Ⅱ . ①王… Ⅲ . ①茶文化 – 中国 – 通俗读物 Ⅳ . ① TS971.21-49

中国版本图书馆 CIP 数据核字 (2018) 第 289619 号

茶 修（CHA XIU）

作　　者　王　琼

出 版 人　刘迪才
出 品 人　符红霞
策划编辑　符红霞
责任编辑　符红霞
助理编辑　赵卫平
摄　　影　张　月　宁大明　贾　炜
演示模特　李明恬　王雪梅　逯柏晗
装帧设计　柒拾叁号工作室
责任校对　王成成
责任监印　黄菲菲

出版发行　漓江出版社有限公司
社　　址　广西桂林市南环路 22 号
邮　　编　541002
发行电话　010-85891290　0773-2582200
邮购热线　0773-2582200
网　　址　www.lijiangbooks.com
微信公众号　lijiangpress

印　　制　北京中科印刷有限公司
开　　本　710 mm × 1000 mm　1/16
印　　张　15
字　　数　150 千字
版　　次　2019 年 4 月第 1 版
印　　次　2024 年 6 月第 5 次印刷
书　　号　ISBN 978-7-5407-8586-4
定　　价　98.00 元

王琼

"茶修"首倡者

和静园品牌创始人

和静茶修学堂创始人

"申时茶"的倡导及践行者

参与"中国茶艺师职业标准"制定

获得中国茶道专业委员会指定茶道教师荣誉

1996 年创办和静园企业，开始了对茶的学习与茶文化的传播

2002 年出版茶散文集《白云流霞》

2003 年出版茶文化教学光盘《中国茶艺经典》

2013 年创办和静茶修学堂，开创茶修教育体系，总结茶修践行案例

2016 年出版茶修教程《泡好一壶中国茶》

和静茶修公众号

扫码关注

茶修

目录

自序

我重要的生命成长是在一杯茶里实现的,

为此明确了：茶不是宗教,但却是我一生的信仰!

无论是一杯茶的冲泡和品饮,

还是一堂茶修课程的讲授,

抑或是一本书稿的撰写交付,

都是分享我在习茶路上二十三年的收获和感悟。

在出版《泡好一壶中国茶》一书的基础之上,

又经过了两年多的打磨,

完成《茶修》的思考和写作。

这本书,

是在"借茶修为·以茶养德"茶修宗旨的践行中凝聚了茶修精神——和、静、通、圆,

是对茶修核心思想和理论脉络的系统梳理,

是和静茶修学堂开门授课六年多的践行积累,

是众多茶修学员的实修体验和成长案例的集合,

是用实践结果对理论体系的价值和意义的验证,

是对茶汤表达和品茶感知做出的精细总结,

是一杯茶的引领和度化,

是从无明到自知、从表象到内质、从形于外到神于内的生命状态的进化,

是于芬芳中遇见的美好和必然的到达。

很希望《茶修》一书，

能够成为我和师友们能量转换的介质，

于茶的氤氲及温度里，于字里行间的吐纳中，

我们可以无界交流和碰撞。

期许于生命正道上，

我们亦是同行者，

彼此支持，彼此成全。

谢谢您愿意翻开这本书，

给我与您交流的机会，

真心期待收到您宝贵的留言。

鞠躬，敬茶！

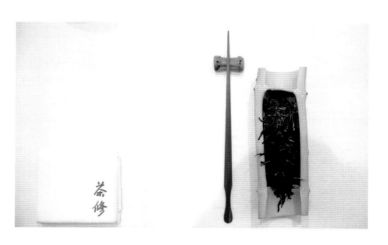

我们遇到了茶文化的复兴时代

幸运的是

这杯茶出现在我的生命里

让我渐渐地找到了一条通道

通往外界

亦通往内心

第一章

茶修，当代茶文化的表达

一、茶修的缘起

我们遇到了茶文化的复兴时代。幸运的是，这杯茶出现在我的生命里，让我渐渐地找到了一条通道，通往外界，亦通往内心。

每每出访，被介绍成茶道专家时，我就觉得愧不能当。我们中国人重道，然而从不轻易言道。虽然"茶道"一词最早出现在我国，但一直被日本人复制并沿用至今。国际茶文化与艺术一样，始终处于多元化的发展过程中。日本茶道、韩国茶礼、中国台湾茶艺为世人熟知并得到尊重。中国作为茶的故乡，历经几千年的历史，茶文化有过繁荣昌盛，有过衰微低迷，但茶的精神却从未断层断代。这也确定了中华茶文化的深厚底蕴与源远流长。

在茶文化繁荣发展的今天，面对世界的爱茶人，我们该以怎样的表达来迎接"茶为国饮"的时代需求？中国的茶文化究竟该有怎样的语境？国人的饮茶习惯在承袭传统之后该如何与时俱进？又该怎样承接这样一份祖先留给我们的福报与智慧？这是我常常扣心自问和深深思考的问题。

一杯茶，几片树叶而已，为何有那么大的能量与魅力？！越思考才越明晰，这终究是源于人类的诉求——因为需要，所以愿意探索和相信，愿意在践行中不断地为之赋能。为此，对于茶，我越发从灵魂深处生起虔诚与恭敬。我一直在寻求一种方式，试图把茶的能量导入我们日常的生活中，让所有我们相信且期待的美好，变为可触摸的现实。

身为行茶者，重要的本分是要把茶的本质——茶的色、香、味、韵——明确地表达出来。那该如何表达？又如何在表达的基础之上呈现更高精神层面的内涵？带着这诸多的问题，对于泡茶的流程、礼仪、规矩、技法、心法等，我开始归纳、总结、反复实践及操练，终于建立了一套完整的行茶仪轨——和静茶修·行茶十式，借以承载茶修理论体系及精神框架。

尽管茶约知音，但茶人对待"对坐饮茶"者是没有分别心的，不会在别人的眼风里寻找快乐，也不会于别人的评价中获得安慰，而是让茶说话，让有差异的嗅觉和味蕾，一同鲜活在当下这款茶的芬芳里，和谐于因为信任而共建的场能中。因而，茶人行茶的过程中，心始终是柔软的、体贴的、喜悦的。

茶人喜欢俭素，很愿意去践行"精、行、俭、德"的茶道思想。选茶择器，昂贵不是第一选择，茶人的奢华在实用恰当，在细节和美，在内敛含蓄。于行茶过程中，恭俭素淡、起落知止、拿捏得当，珍惜每片叶子，节约每一滴水，素中知味、淡中养贵。

老子告诫世人，饮食之道，"为腹不为目"，与自己要安、与别人要化、与自然要乐、与大道要游。我们学习圣贤，是为了更好地开启智慧，不妨从减法做起，消除执着，或可体会"我，是一切的根本……"

茶，正是我们祖先留给我们修身、养德、觉悟的载体。

这个时代，一切都变得快速，为了同行快速，接纳快速，同时又不被快速抛离，我们会不自觉地去寻找支点。

于是，我找到了茶。1996 年与我先生一起创立了"和静园"，成为茶人。

于是，提出茶修，践行茶修，传播茶修。

二、何为茶修

1. 茶修的定义与茶修体系

茶修，借茶修为，以茶养德，是秉承"精、行、俭、德"的茶道精神，在泡好一壶茶的基础之上，于日日行茶、时时修持的过程里，达到内外兼修、同养太和的美好生命境界。

修，是修正和修养，重在践行。

茶修，于有形的物质层面是方法和系统——是以茶为核心的礼仪方寸，是行茶仪轨及茶师十律等具体修习的脉络，是将诸多实修的方法长期践行，形成美好的过程，以及所达到的美好结果。

茶修，于无形的精神层面是境界和智慧——是以茶为载体接引的圣贤思想、文化体系和时代需要，是给人以认知的导向、践修的路径和智慧的启迪。

茶修，是在习茶的过程中，把自己修成一个具备美好品德的人，一个具有幸福能力的人。

为此，在经过五年多的实践后，我们成就了举不胜举的鲜活案例，总结出一套茶修体系：

茶修精神：和、静、通、圆

茶修宗旨：借茶修为·以茶养德

茶修理念：日日行茶·时时修持

茶修美学：生活艺术·生命质感

茶修哲学：能量在心·技艺在手

当我们遇到了茶，走进了茶的芬芳世界，这一抹清凉不仅带我们找到了回归的路径，更明确地引导我们踏上实现生命意义的茶修之路。

我们在行茶时，应有所规矩、有所次第、有所坚定、有所敬畏，才能有所自在、有所欢喜、有所分明、有所坚守。

为与一杯茶相约，我们从准备出发，为的是修得那份茶人的淡定与从容；我们愿意与一杯茶相和，通过展布茶席、简约单纯、褪去繁复，让行为与情绪一并真正开始做减法；我们期待于一杯茶中汲取智慧，并结合时代需求，融入当下、归真生活、滋养生命，达到内外兼修，同养太和的美好境界。

当我们真实地理解茶修，真正地于生活中践行，那么，一片茶，停在哪里都是归宿；一颗心，行在哪里都会安顿！

茶修，让自己的生命与茶的美好相契合。遇见茶，是一件幸运的事，而用"修"的方式把茶与自我成长连接起来，则是一件幸福的事情。我们就此以茶为师，借由绿茶主修静雅，红茶主修温暖，白茶主修内敛，黑茶主修平衡……用茶之美好自勉，不管是外在的言谈举止，还是内在的情志模式，一切因生命而存在的关系，都会通过一杯茶获得平衡。这正是茶修在生命成长中的意义所在。

茶修，是热爱生活的我们，愿意从一杯物质的茶开始，去了解茶性，明了茶与水、茶与器、茶与人的美妙连接，去找到一杯茶最佳的表达方式，学会在冲泡的过程里，理顺人与自己、人与人、人与自然的关系。借由茶修，我们会因为专注而获得清安，会因为简致而获得宁静，会因为谦恭而获得和谐。如果，我们认同这样一种对茶的诠释，并在每一天的生活里践修，那么一杯物质的茶就在修的过程中变得"可载道，可传道"了。

我们于茶席的准备中，清晰地感知到，建立秩序方得安顿；在一次次的沏沏倒倒中，真实地意识到，关怀他人方得喜悦；在每每发自内心的恭敬行礼时，就会深刻地体会到，恭敬他人，庄严的是自己……茶修，为向善向美的人们，搭建了一条相生相长、相爱相和的美好通道。

茶修，可与天地精神往来。茶既是自然的，又是人文的；茶既是物质的，又是精神的。

茶修，既是个人的生命修行，又是时代当下的文化需求与精神供养；既是连接美好的纽带，又是传递智慧与能量的桥梁。

一杯茶的色、香、味、形、韵，既是抽象的，又是具体的。

于是，我们在侍茶的过程中开启对茶汤呈现、美学标的、生命本质的思考，也试图通过这样的探索与思考，完成"泡好喝懂一壶中国茶"的使命，做好物联网时代背景下的茶文化表达，同时让一杯茶更加落地，更加与我们的生活、与我们的生命契合。

2. 茶修的精神：和　静　通　圆

和——自和　人和　太和
静——静心　静处　静慧
通——通明　通达　通泰
圆——圆一　圆融　圆满

【和】

自和——悦纳万物，自我和谐。

人和——敬人爱他，关系和洽。

太和——日月乾坤，天地和合。

【静】

静心——专注自守，宁静致远。

静处——安身立命，静处则明。

静慧——静而生定，定而生慧。

【通】

通明——崇尚贤德，世事澄明。

通达——通志达慧，来去自在。

通泰——旷仁宽厚，身心泰然。

【圆】

圆一——无始无终，一以贯之。

圆融——内外不二，融通无碍。

圆满——浑圆守一，自性得道。

3. 茶修的时代意义：建立秩序，和谐天下

茶修之于个人，是行为的修正和心灵的修养，更是自我觉知和自我完善的过程。在一杯茶的澄明里，我们感知到了安顿，在浮躁与匆忙的时代背景下，这份安顿弥足珍贵。

"躁胜寒，静胜热，清静为天下正。"

我们需要安顿，而恰恰又很难真正地安顿下来，为此我们一直在寻找探究，希望可以打开一条通道，能够连接生命里原有的宁静。当我们用心地捧起这杯茶，一切问题就有了答案。坚持日日行茶吧！

茶修之于家庭，是借由一杯温暖的茶关怀家人，表达爱与在意，让亲情更加温润和平衡。孩子习茶，培养礼敬之心、谦逊之德，于泡茶中领悟专注；女主人客来敬茶，优雅亲和，传递高尚家风；夫妻之间以茶相伴，修的是旺族兴邦与和悦生态。

茶修之于团队，是通道的建立和氛围的导向，是确立同一目标的导引，是克己利他的教育，是"三人行必有我师"的学习和共勉，是用自我的价值支持伙伴的愿力，是在共修中实现彼此的成长和成就。

茶修之于时代，是精神的滋养和文化的助力，是为高速发展的社会保留秩序的种子，是传统文化于当下的鲜活生发，也是顺应时代需要的和谐力量。

东方的饮食文化，喝什么比吃什么更重要，更讲求仪式

感。物质层面的喝，是健康，是快乐，是趣味；精神层面的饮，是美好，是秩序，是能量。人人喝茶的时代已经到来，一杯茶，是中国人应有的生活方式。

借由一杯茶，安顿了身心，也就和谐了天下！

三、茶修，于规矩里成就方圆

1. 从"君子九容"到"茶修十礼"

君子九容

《玉藻》是《礼记》中的第十三篇，是记述礼制的篇章之一，其中很重要的篇幅就是"君子九容"："足容重，手容恭，目容端，口容止，声容静，头容直，气容肃，立容德，色容庄。"这是古圣先贤对于形象行为提出的九项要求。

茶人承接古圣先贤的智慧，接引当下生活，从手中的这杯茶入手，践行于行茶时的举手投足，止于至善，以修养君子之风、淑女之德。

足容重

体现人的中正气象和承载之力。我们的言行举止都是内在的情绪表达。或行走，或站立，步伐稳健，脚下生根，重心于心，持重四方。

日常生活中的站姿及行走，特别能够体现一个人的气质和修养。一场社交活动、一次商务洽谈、一次员工面试……

从走路的姿态就已经开始有所表达和有所洞见，或坚定从容，或优雅亲善，或紧张局促……

修养我们的所有表达，可以让我们和顺地打开面前的通道。尤其是对于第一次见面的陌生人，"足容重"不仅仅是一份自持，也是把恭敬十足地给到他人。

手容恭

体现人的敬畏之心和谦恭德养。

茶人泡茶多应止语，手语便是茶师在茶席间必用的表达，也是茶人重要的修养体现。手容恭，四指并拢，拇指贴合，微微弯曲，表示收摄内敛，谦恭礼敬，以手容恭的手语行茶有助于专注安顿、凝神聚气。

生活中也常会用到手语，比如为他人指路、讲解示意、与人沟通、当众讲话等。请不要用一根手指指点对方或指示方向，尤其要避免用食指指点对面的人，这种手势有失恭敬，增加了对抗性。

　　"手容恭"，在我们的肩以下区域活动指示为宜。在平时生活中运用，可以表示尊敬和诚意，是良好的习惯和修养；在职业环境、公共场所运用，则能体现出工作人员的职业素质和服务温度。

目容端

　　眼睛是心灵的窗户，眼神能传递内心状态。目不斜视，不咄咄逼人，没有怀疑和审视，多一些亲善和关怀，用眼神照顾好每一位对坐饮茶的人，恭敬平和，没有分别心。

　　眼神可以传递太多情绪，愤怒、冷漠、多情、亲善、谦逊……

　　眼睛里的"神"，是能量的释放与连接，有智慧的人会让低频转化成高频，用高频连接高频。

口容止

体现人的高雅学养和自我约束。要言不烦，保持正念。人在生活中对"度"的把握，直接体现在对口舌的管理上——说当说的，而不是想说的。温暖、清晰、简明，才是表达的艺术，也是对所有遇见的人最好的关怀。茶人行茶时当止语止念，与茶无关的话不讲，与茶无关的事不做。在生活中，以止修慧，抱怨的话不讲，消极的情绪不蔓延，影响团结的事情不传播，不让"祸"从口出。

"止"是修养，更是智慧。

声容静

静，是茶师在席间的根本，讲话声音要带有温度和关怀，让每一次发声都能传递一份真诚与美好。让这种静好成为生活常态，消除人与人之间的阻隔屏障——面对身边的人，尤其是亲人，用我们的声音给予关照，真正做到有话好好说；面对陌生人，用一句主动且亲善的问候，融化紧张和冷漠。

头容直

茶人于席间泡茶，身体要放松自然，左手注水，右手出汤，以太极仪轨行茶，头不歪斜，保持中正，不倚不靠，中脉畅通，颈椎和腰椎对位平衡。"头容直"于己是一种健康的保护，于他人更是一份足够的尊重。

气容肃

人的气场是一种真实的存在。气容肃，是一种由内而外散发的无形能量和浩然正气，是面对任何人和事都不喜不悲、不急不缓、不狂不惊的自在状态。"肃"，除了"严肃"，还有一种端庄得体的气质，于茶人而言，更应是一种韵味，就像一泡好茶，茶汤滑过喉咙之后的留存感，有回味，有生发。

立容德

茶人以德而立天下，体现人的德行与气魄。陆羽在《茶经》中提到"茶……最宜精行俭德之人"。对于当下的我们，德慧双修也是于一杯茶里的获得。

色容庄

色，包括外在的服饰、妆容和表情等，体现人的审美观念和艺术修养。对于茶人的仪容仪表要求如下：

女子长发时宜盘起或束起，短发时宜齐耳，露出额头，不让碎发遮挡面容；男子短发，中正整洁，要给人以清爽、明亮的观感。

入席前须净手，开始泡茶后，不可再整理头发、抓耳挠腮，一则使手不洁，二则对茶和喝茶的人都有失尊敬。

待人接物轻松自然，情绪喜悦，端庄得体，与朴素典雅的仪容仪表相得益彰。

庄子云："朴素而天下莫能与之争美。"生活里精细的自我打理是对他人尊重的表现，茶席间行茶者的情绪与状态更是如此，着装简致，素手行茶，力求达到人、茶、环境和谐统一。

茶修十礼

礼，是实修的具体体现，是内在德养的有形外化。

我们秉承先哲的智慧，把礼连接到茶席间，落点在行茶者的每一个动作细节里，以礼敬为基石，衍生出茶修十礼：注目礼、端坐礼、行茶礼、奉茶礼、请茶礼、谢茶礼、品茶礼、站位礼、退让礼、指示礼。让内心的爱与恭敬，外化为日常行为的礼法去践行。修习茶礼是践行的第一步，可以让行茶者在席间更加静定、恭敬且中正。

注目礼

生活中，目光亲善、真诚且关怀，以柔和的视线传达恭敬之心与礼敬之意；茶席间，眼神传递的是内心笃定，光明磊落，送达茶人应有的尊重与关照。

端坐礼

我们以垂足坐为例，此端坐礼包括就座的姿态和坐定的姿势。入座时要轻而缓，稳重落座，不应发出衣服、椅子窸窣嘈杂的声音。坐下后，上身保持自然挺拔，头部端正，脚踏实地，保持肢体自然放松，面带微笑，同时向在场目光所及的人行注目礼。对于茶人而言，为了保持良好的健康与行茶状态，行茶者在保持以上坐姿的基础上，男士和女士略有不同：男士双腿可自然打开与肩同宽，双手轻握空拳自然放在双膝上；女士膝盖合拢，脚尖微内八字，双手握持，左手在上右手在下，自然垂放于丹田处。

行茶礼

　　行茶礼是行茶过程中所运用的手语和手礼的综合表达。

　　正式行茶前，双手轻握空拳打开与肩外侧同宽，置于茶席上，掌心相对应，行注目礼，而后在座位上行善礼。善礼，即 15 度鞠躬礼。亲善有礼，是善意的开始，示意行茶开始，营造安宁礼敬的品茶氛围。

行茶礼

奉茶礼

　　敬奉佳茗，以方便客人取用为原则。当行茶者与茶友对坐时，使用"正面双手礼"奉茶（手容恭，双手端杯托放置于客人面前）；行茶者与茶友同侧或中途添茶，使用"侧面双手礼"奉茶，以环抱式斟茶，以没有存在感的陪伴完成妥帖服务。大型茶事服务，奉茶者应先行善礼再奉茶。

　　双手礼，行茶时使用最多，分为正面双手礼和侧面双手礼。

正面奉茶礼

侧面奉茶礼

正面双手礼：左右手双手拿递接送，中正谦恭，并躬身行礼。

侧面双手礼：一只手持茶具，另一只手"手容恭"在腕关节下2寸处垂直托护，手与腕纵横交错，以示茶人的全心全意，同时行善礼。

请茶礼

于茶席间，茶汤斟好，一位行茶者面对多位茶友请茶，双手打开于双肩外侧，掌心相对，以手容恭的姿态，指尖上扬15度，掌心向外打开15度，同时行善礼，请各位用茶。如果再次续茶，行善礼示意用茶。

请茶礼

谢茶礼

对坐饮茶的人，接受茶汤后，在座位上行"善礼"回礼，以表示对茶的恭敬和对行茶者的感谢。

谢茶礼

品茶礼

左手执杯以为礼（拿捏茶杯的三分之二处，手指不触碰杯口），右手托杯以为敬，感恩之心以为品。左手执杯右手托杯，自然平举至胸前，开阔舒展，中正大气。

品茶礼

站位礼

站位礼

　　站立时保持身体中正挺拔，呼吸均匀，下颚略收，目容端，头容直。男士与女士站姿略有不同：男士可将双脚打开与肩同宽，左手握右手腕关节处，置于小腹部，双臂微收并放松；女士可将双脚脚跟并拢，脚尖自然开到舒适状态，双手握持，左手在上右手在下，自然提放于小腹部。时刻关注客人的状态，及时送上妥帖的服务。

退让礼

　　茶人起身准备离席时，应正面退出座位，示意并告知大家自己需要离开，以免唐突。离席时，以站姿为起点，先后退三步再转身离场。遇到转角或需要关门时，应略作停留并转身面向客人，后退离开大家视线。注意不把后背留给客人——不求他人关注，只有对自我的要求和持重。生活中也应如此。

指示礼

平日里遇到有人问询时，我们除了语言的表达，还会辅以手势。保持手容恭，四指并拢，拇指贴合，在肩部以下范围内活动，可让对方感受到我们的敬意，并因此交付信任。

礼敬是所有美好的开始，古人云"不学礼，无以立"，如果我们在日常生活、工作与学习中，都能养成良好的礼仪习惯，那会为我们成长的道路上减少许多障碍，增添更多顺意。在与茶同行、日日修持的过程里，通过不断的行礼，益发觉得越行礼，越规范；越行礼，越恭敬；越行礼，越中正。怀揣赤诚心，身行躬身礼，真正做到有"礼"走遍天下！

指示礼

2. 从"精行俭德"到"茶师十律"

陆羽所著的《茶经》，是世界上第一部完整而系统地介绍茶的专著，尤其是总结了一整套饮茶的方式和方法，并提出"精、行、俭、德"的茶道精神，明确指出茶作为饮用之物，适合修身养性、清静淡泊、内敛谦逊、俭以养德之人。陆羽所提倡的茶道精神，被后世逐渐丰富和发展。这一精神主体具有一种平淡简朴而雄浑横绝万古的力量，对于现代茶人仍有着非常重要的指导意义。

在习茶二十多年的经验基础上，我和我的同事们承接古训，不断践行，站在行茶者的专业与审美角度，总结出了"茶师十律"，旨在通过行茶过程中的自律与自修，获得安顿与自知，并不因规矩而刻意，只为规范而自在。

茶师十律

制心于茶，安顿持重；

松活喜悦，从容静定；

妆容得体，洁净简致；

茶为席主，物尽其用；

礼敬有节，进退有度；

起落知止，阴阳相续；

莫执妄念，勿添虚余；

精专瀹茗，真现茶性；

日日行茶，时时修持；

无为和静，人茶归一。

制心于茶，安顿持重

"制心于茶"取自《遗教经》之"制心一处，无事不办"。

每每我们想泡一款茶，布席时的用心准备，端坐于茶席前的安顿持重，行茶过程的专心致志……在全心全意的投入中，会发现"氛围变得如此美妙，身心获得如此享受"。

松活喜悦，从容静定

茶人的身心状态是一种无形的磁场，会影响一杯茶汤的表达。内心的从容喜悦，肢体的松活自然，能成就一杯鲜活醇厚的茶汤，同时也会让从容静定成为常态。也就有了"千百次郑重地拿起，成就一次从容地放下"。

妆容得体，洁净简致

茶人与茶是茶事活动的主体，是并存的灵动生命。茶人保持朴素淡雅的妆容，是去伪存真的修养。素手行茶，保持洁净，着装得体，以简约、雅致、大方为主，这样会更好地与茶共生。

茶为席主，物尽其用

茶为席主，一切辅助器具皆以茶为中心，删繁就简，不放置与茶无关的任何器物，每一件器具都能得到充分使用，在满足实用性的基础上，尽显简约和谐，真正做到制心于茶。

礼敬有节，进退有度

茶人于席间，通过行茶表达关怀与礼敬的同时，也需掌握分寸。过度的谦虚或无原则的退让，会使关系失衡，有碍真诚；一味地抢进又显得过于自我，会给人以压迫感。

无论是行茶还是做事，都应注意度的把握，以彼此舒服为宜，做到"恭而安"方为得体。

起落知止，阴阳相续

借一杯茶观照自己，通过每一次的拿起和放下，修得止于至善的智慧。

宇宙以阴阳相生，身体以阴阳相成，左手为阳，右手为阴，以太极仪轨行茶。

泡茶，左手注水，右手出汤，身体左右平衡，阴阳相辅。

品茶，可养女子知止之慧，可修男人中正之气，天地和合。

莫执妄念，勿添虚余

放下执念和妄想，一心、一念、一茶，不因多余的器物及动作破坏茶席的和谐与平衡，明确当下的发生，专心于茶汤的表达，于心于物做好减法。空杯、无茶、无我，是茶人行茶的最高境界。

精专瀹茗，真现茶性

茶人精修茶学专业，是本分也是最重要的基础。只有了解了茶叶的特质，我们才可能掌握表达每一款茶的适合冲泡方法。用我们的专业和用心，明明白白泡茶，清清楚楚喝茶，展现中国茶的魅力。

日日行茶，时时修持

每一天都真正地泡一杯茶给自己，给自己一个停下来思考与安顿的契机。

日日行茶，是为了培养习惯。用行茶笔记随时记录茶汤的表达及行茶的状态和感悟，久而久之，提升了专业，修养了气质，滋养了慧德，真正做到借一杯物质的茶，修正自己的日常行为，到达茶修的美好精神世界。

无为和静，人茶归一

当我们的用心及精专达到一定积累时，美好就会不期而遇，得和，得静，得坦途。

当我们自然而然地人茶合为一处时，最终就寻找到了生命的根本，"归根曰静，静曰复命"。

"茶师十律"是茶修理念的重要体现。随着茶文化的不断发展，越来越多的爱茶人愿意把爱好和工作统一，加入茶行业中，也愿意把在茶汤里获得的美好与更多的人分享。同时，茶人也面临着挑战，那就是我们的表达要具备专业性、艺术性、职业性及思想性，无论从采摘到加工制作，还是从冲泡手法到茶汤品鉴，或是从展布茶席到器具收纳……都应精专修习，不断践行，最终接引到生活和工作中，提升品质及品位。

　　"茶师十律"是茶修践行的一条路径，让我们有章可循，只要精准接受，自律做到，定会达到对茶汤、对茶心的喜悦表达。

　　在这里，如果您愿意，我们一起对自己承诺：我是茶人，我愿意践行"茶师十律"！

　　茶人讲究生命的品质和人文的素质。古有"茶圣"陆鸿渐提出"精、行、俭、德"，今有茶学家庄晚芳先生提出"廉、美、和、敬"。我们之所以喜欢以"茶人"自喻，除了手中的这杯茶，人的德养也是重要的组成部分，谨记先哲的教诲，并愿意以茶为师，做一个有价值且值得尊敬的人。

　　为此，我们倡导茶修。

　　茶修，修得人品；人品，证得茶修。

3. 从"廉美和敬"到"茶席六要"

在茶叶被发现、被利用的历史过程中，中国人创造了丰富绚丽的茶文化。我们将自然的茶作为客观对象，从主观的审美期待出发，力图从茶的身上找到更加契合心灵的美的本质，当代著名茶学家庄晚芳先生把这高度集合的大美概括为四个字：廉、美、和、敬。

"廉、美、和、敬"，被当代茶人所认同，并被尊崇为"茶德"。

"自从陆羽生人间，人间相学事春茶。"虽然朝代更迭，制茶技艺与品茶方式不断演变，但人们在饮茶时获得的这份清明与宁静始终未变。每一次行茶出汤的过程，不仅是茶叶的华丽转身，更是泡茶者在澄明中的正心修身。

廉

廉，自古以来便是茶人的品德象征。早在先秦时代，思想家荀子就看到了人间欲望不加限制的后果："人生而有欲，欲而不得则不能无求，求而无度量分界则不能不争，争则乱，乱则穷……"而明末清初杰出的思想家顾炎武更是于《日知录》中主张："廉耻者，士人之美节。"

俭以养德，廉以修身，淡泊明志方能宁静致远。大道无形，小而生发，茶人行茶关注细节，珍惜每一片茶叶，节约每一滴水，便是一种廉德。这种超越物质享受层面的廉之美，才是茶人品行高贵与内心富足的映现。

美

从陆羽时代开始，茶人雅士便在一壶茶中孜孜以求，意境之美、过程之美、茶汤之美。时空变幻至今天，茶席前对美的追寻之情从未改变。唐代吕温在《三月三日茶宴序》中写道："乃拨花砌，憩庭阴，清风逐人，日色留兴。卧指青霭，坐攀香枝，闲莺近席而未飞，红蕊拂衣而不散。"唐代钱起作诗云："竹下忘言对紫茶，全胜羽客醉流霞。尘心洗尽兴难尽，一树蝉声片影斜。"

古人清幽高蹈的饮茶意境令人神往，而今日行茶之美，更关乎细节中体现的和谐与宁静。这一份和谐，来自内心对健康和愉悦的观照，是生命中真与善的呈现；这一份宁静，来自一方茶席简约平衡的朴真布局，是有心人行茶出汤的内敛与自如；这一份真美，来自古今茶人心中的谦恭之德，是举手投足之间的得体与端庄。

和

茶和天下的今天，茶人的和善开阔、谦恭内敛，以及由外及里的行茶轨迹，无不营造着和的能量。以茶显礼仁，以茶表敬意。去除了欲望带来的累赘，廉心之下美感悦人，又有什么不是款款的和气真诚呢？品饮佳茗，共闻其香，共叙良知，共话茶事，其乐融融。

敬

敬，乃茶之德，以茶养德，德以配位。茶与人的关系，

人与自我的关系，与自然环境的关系，皆是以一颗敬畏之心，生发珍惜恭谨之愿念。

一方精致的茶席，让我们身心俱安、心旷神怡。在"廉美和敬"思想的主导下，和静茶席有着清晰的脉络表达——整洁、有序、简约、专注、关怀、和谐。整洁，是习惯；有序，是逻辑；简约，是观念；专注，是态度；关怀，是精神；和谐，是境界。

整洁，是一种习惯，既体现在茶席间的每一处细节，也展现着一个人的生活习性。茶具摆放规整，干净清洁，没有任何瑕疵污渍，这是茶人的本分，蕴含着行茶者对茶、器、人的尊敬之心。如能在生活里葆有整洁之心，便更容易达到安顿、澄明之境。

秩序，为人们追寻美的过程提供了路径。这是生命里对规律的强烈需求，这种需求促使我们去探寻各种各样实用且美善的规律。一方整洁的茶席，体现的是思想和情绪，带给人的是愉悦和安顿。"横看成岭侧成峰，远近高低各不同"，这是在整洁基础上进一步呈现出的有序。茶人行茶时一招一式、动静相宜的表达，必须契合自然天成的节奏，于和谐中呈现韵致，无一丝牵强和造作。器具之间高低错落、疏密得当，彼此上下相连，阴阳相续，因果相应，这样的平衡不仅让行茶者动作方便、恰到好处，也便于对坐饮茶人的观赏和品饮，同时也有利于传达出茶席的势能与神韵。

简，向来是茶人奉行的行为导向，最直接地体现在茶席的展布上，简约之中蕴含着大美。繁杂的摆设和不规则的排列会造成视觉冲突，令人无所适从、心神不宁。因此，茶席上的茶具贵精不贵多，每一件器具都须物尽所能，如同生活中应去繁就简，去伪存真。

专注的力量不可思议。我们每个人的内心都拥有强大的力量，唯有专注才能让它从沉睡中醒来。行茶、品香、赏器……每一处细节都值得我们全神贯注、心无旁骛。一泡香清甘活的茶汤，必然来自专注敬畏的茶人之心、来自关怀体贴的茶修之席。在茶席之上，唯有制心于茶，方得大美于斯。

　　真实妥帖的关怀之心，是茶修人生的另一种自在。整洁的席面、有序地行茶，每一个招式之间的不越物、不障碍、不牵绊，无不是对有缘共饮之人的在意与珍重；而行茶出汤的每一份慎重，无不是对每一泡茶汤的关怀与感恩。

　　茶汤香浓，人心温暖，让茶席间一器一物葆有默契，这一刻，你在，我在，茶在，往事云淡风轻，未来随顺乐观，茶与人，一切都恰到好处。这，应该就是我们一心向往并努力追寻的和谐吧！

4. 从"儒释道医"到"行茶十式"

儒家的一杯茶，全面地诠释了"仁、义、礼、智、信"之精髓，借由喝茶修智养慧，通过茶修的笃定践行，梳理人与人、人与外在事物的关系，达到中正知止、不偏不倚的平衡之道。

佛家的一杯茶，"戒、定、慧"已经了无痕迹地融入茶味，于茶席间尽显本质，于行茶的规矩中获得安顿及秩序，于一杯茶的静定中生发智慧。因为愿意内求，所以在静观内守中自我反省、自我觉醒、自我修持、自我和谐，愿意放下自我证明，放下对抗，获得自性圆满。

道家的一杯茶，是都市人连接自然的通道。每日申时，七碗至味，喝得"尽向毛孔散"，再到"两腋习习清风生"，借由茶汤通达身体、感知四季，于是身体和灵魂都在一杯茶中澄明清澈了，也就更好地帮助我们到达清静无为的境界，

更好地接受自然之能量，于山水间养性，于天地间养慧，靠近自然、回归自然、成为自然。

医家的一杯茶，是生活中健康喜乐的护持。无论是一片茶叶的有效成分，还是品茶啜饮时的开怀愉悦；无论是独饮得幽，还是众人同饮得趣；无论是春夏喝茶解毒清安，还是冬日煮饮温暖通泰……一杯茶的保健功效，从身到心，从头到脚，都无比妥帖地陪伴在生命里，带给我们无限幸福。

由此，对于如何泡好、喝懂这一杯充满智慧的中国茶，便有了太多的思考。

对行茶十式的梳理，是回到爱茶之心的原点，通过一杯茶的滋养获得宁静与安好。于是就有了删繁就简、洁净简致、内敛静定的仪轨。它非常完全地诠释了茶修的理念及精神，仅用十个步骤就把茶修体系容括在内，让我们在其中慢慢感受"减"与"简"带给内心的秩序梳理，进而让我们可以做心的主张，不被外事所扰，于动中养静，于静中生动。

和静茶修·行茶十式

行茶一式：主客行礼

行茶二式：备茶

行茶三式：温器

行茶四式：投茶、摇香、闻香、传嗅

行茶五式：温杯

行茶六式：润茶

行茶七式：泡茶（观、止、行）

行茶八式：分茶

行茶九式：请茶

行茶十式：品茶

行茶一式：主客行礼

行茶二式：备茶

行茶三式：温器

投茶

投茶　　　　　　　　　摇香

闻香

行茶四式：投茶、摇香、闻香、传嗅

行茶五式：温杯

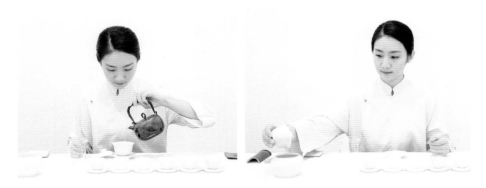

行茶六式：润茶

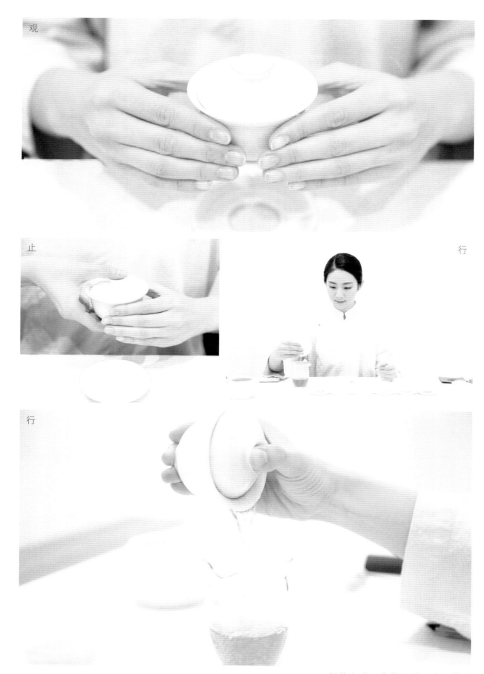

观

止

行

行

行茶七式：泡茶（观、止、行）

行茶八式：分茶

行茶九式：请茶

行茶十式：品茶

和静茶修·行茶十式

扫码观看

这杯茶，喝着喝着，就懂了

这条路，走着走着，就到了

以茶为师——茶之大美在无言

以茶为镜——茶之大功在照见

以茶为友——茶之大爱在包容

第二章

茶修宗旨：

借茶修为·以茶养德

2012 年的夏天，我真正明确了生命中最重要的事情——专注地分享一杯茶的美好。因为，我的重要成长都是在一杯茶里实现的。于是开始学堂的筹备，便有了"和静茶修"的定位，茶修的宗旨"借茶修为·以茶养德"也应运而生。这似乎是冥冥之中的安排，现在每每想起都深感那是如有神助的灵感。茶修——是我想用所有生命能量去践行、去分享的最直接、最妥帖、最完全的表达。

　　其实，这份最初的分享愿力源于我自己从一杯茶里的莫大受益。在二十多年的经营和习茶过程中，茶带给我的福报是真实且巨大的。我个人的心性修养、关系和谐、生活理顺、生命绽放……这诸多的成长与成熟都承蒙一杯茶的滋养。

　　当我带着觉知去回望时，分享的意愿就变得更加迫切，我相信这会让更多的人因为这杯茶活出自己喜欢的样子。

　　但是，从分享的愿力到落地的学堂，并不是一件轻而易举的事情。愿力是精神层面的存在，只有我自己明确是不够的，要分享就必须变成可言传、可身教、可感知、可意会的物质存在。

　　围绕"借茶修为·以茶养德"的宗旨，首先从可视化的仪轨标准入手，再到行为规范及精神导向，重要的是要借助"茶"这一载体，把对行为和德养的修炼境界提炼出来，并找到切实可行的方法论。

　　慢慢地，思路逐渐打开，在二十多年习茶经验基础之上，经过八个多月的准备与打磨，有了"和静茶修·行茶十式"，有了"茶修十礼",有了"茶师十律",有了"茶席六要"……
于是,有了第一堂"泡好一壶中国茶"课程的开始,并在六
年多的不断践行中量化了具体的实修方法,形成了目前的茶
修体系。

我非常清楚,这套体系还只是一个雏形,仅仅六年多的
打磨绝对是不足够的,但我相信,我和我的团队,和所有茶
修的同学们,将会一同用热爱与敬畏之心,带着这明确的使
命感继续努力,更加深入地探索茶修的实用性及可能性,继
续用实修的案例呈现茶修的时代性及可传承的文化脉络。

"借茶修为·以茶养德",这几个字像一位智者,他从
我的成长岁月深处走来,带我推开了那扇"让我看见我自己,
开启我内观自省"的大门,又指引我向更广阔、更深远的生
命境界前行。

这杯茶,喝着喝着,就懂了;

这条路,走着走着,就到了。

借茶修为,以茶养德,首先要完成对"茶"的认知。朴
素的几片叶子是茶,缥缈的仙草玉露是茶,庙堂殿宇的几案
上是茶,贩夫走卒的粗瓷碗里也是茶。借由这茶之广博兼容
的秉性,我们把对美好的向往、对能量的热望、对智慧的追
寻,都付之于此。

以茶为师——茶之大美在无言,俏不争春,德不喧人,
无论存于高山,还是根植平原,见素抱朴,内敛涵养。

以茶为镜——茶之大功在照见,日日自省,时时修持。
无论是在茶席前,还是在生活中,克己利他,恪守本分。

以茶为友——茶之大爱在包容,香不远人,味不择人。
无论是行茶的高手,还是初试的新人,无有分别,丰俭由人。

茶修学堂五年多的实践,有近一百期的初阶课程,近
五十期的高阶课程,累计来自国内外各个地区的几千名学

员，还有几十万的线上学员，这许许多多茶修践行者的案例举不胜举，他们自己的变化与成长，影响了身边的有缘人，从而带来了家庭幸福、团队精进。因此也有了许多茶修家庭、茶修企业的出现。现在很多茶修讲师班的毕业学员也已经开课，分享茶修精神，我们在一杯茶里达成共识——我们以茶为师，一生同学，共同践行"借茶修为·以茶养德"之愿力。

借茶修为，以茶养德；修正行为，修养慧德；内外兼修，同养太和。如此，便是茶修！

一、做一个有准备的人

寒假，如期举办了少儿茶修课程，说实话，讲授少儿茶修课比成人茶修课投入的精力要大得多。

开课前，三个男孩子就已经楼上楼下跑得满头大汗，当老师提示要安静时，其中年龄稍大的俊智很肯定地说："我绝对停不下来，大家都知道我有多动症……"而另外两个女孩子还在嘲笑年纪最小的男孩的口音……这些小状况都在意料之中，之前的经验让我们相信，孩子们会在一杯茶的体验过程中自觉地开始矫正自己的习惯。

从第一课的茶礼开始，到对六大茶类的识别，再到动手学习有仪式感的泡茶，这些孩子在被调动、被欣赏、被鼓励的过程中放松了、安静了、融合了……不知不觉一天就过去了。已经到了下课的时间，但每个人都不想走，跟老师商量说"再泡一款茶吧"。小淑女安娜则跟妈妈商量："这样的课能不能一直上下去，我太喜欢了……"之前也曾有一个十二岁的小学员在分享时高兴地说："这一天的习茶，让我放下了手机和电脑，也不想吃零食了，感觉时间过得很快……"

第一天的课程，重点放在了对孩子兴趣的开发上，回家的作业是：临睡前要独立做好第二天上课的准备，在第二天上课时汇报结果。每一期少儿课程，我们的团队都很期待这个环节，小朋友们总会把很多惊喜带到课堂，他们会争抢着表达自己独自完成的事情——自己洗好了内衣和袜子，把今天来上课穿的衣服都放在了床头，没有妈妈催促就起床了，还有的居然给爸爸妈妈做好了早餐……每个人在发言的时候，都情绪高涨，每汇报一件做到的事情时，都有很快乐的自豪感。

对于青少年而言，"做一个有准备的人"，是人生之路上应该进行的重要一课。培养良好习惯从"做好准备"开始，让孩子独立思考、执行，让孩子重视检查结果、担当结果。

这样的道理，如果用说教的方式，孩子们只能是听听而已，他们需要一个依托，一个有效的通道。在长期的实践中，我们找到了这杯茶，让孩子们在神秘的茶汤中找到真实的体验感，在从茶叶到茶汤的呈现过程中启发孩子的觉知力、思考力和表达力。

我们开设少儿茶修课程，就是希望让孩子们在兴趣的吸引下可以快乐地接受训练。在行茶之前，孩子们要做好一切准备工作——展布茶席，安放茶席上所有的器具，以及选好茶叶等，不允许在行茶过程中再进行补充，包括情绪的准备，还有提前净手。净手不仅仅是为了清洁，更重要的是培养恭敬心。

充分的准备一定会带来过程的顺利进行。泡茶，就是让小朋友在规矩及秩序的引导下，对"准备"的重要性完成深度体验。当第一次喝上自己精心准备且带有恭敬心泡的这杯茶，就会给他们的生命种下一颗芬芳的种子。到了小茶友们彼此品尝茶汤的环节，苦、涩、香、甘……各种滋味，各种美妙的触觉，不仅鲜活了孩子们的味蕾，带给他们对细节的思考、对彼此的欣赏，也非常具体地让他们理解了开始与结果的关系，愿意为下一次更好地去准备、去努力。

孩子们是可以接受好的建议和引导的，关键在于大人们提供的方法。让孩子们多体验、多感受、多思考、多总结，很多道理在这个过程中就会被自然地接受。想要真的了解孩子就跟他们去同频、共事，跟他们一起享受快乐成长的过程，重要的是要让自己成为孩子的榜样，带给孩子美好的影响。

孩子小的时候，是养成习惯最重要的阶段，此时父母的陪伴和影响十分重要，包括父母帮助孩子做的选择。这一切构成孩子成长的重要生态。

成为美好，应该是为人父母的我们，为陪伴孩子成长所做的非常重要的准备。

二、知礼懂理重在践行

在生活中，对于那些似乎让大人不那么省心的孩子，我们常常无奈地冠以"熊孩子"的称呼。然而，这并不公平。孩子的行为，实则是父母修养的映射。当看到孩子身上有让人难堪的不良习性时，家长首先要做的是反观自身，看看自身的言行举止哪里出了问题。

孩子日常行为的表现，以及对是非曲直的判断，往往深受其成长环境影响。这种影响是潜移默化且根深蒂固的。

少儿茶修，借由一杯茶，让孩子们从兴趣入手，尽早地对秩序及恭敬心有更深的认知，更好地培养孩子的好习惯。

正式开启少儿茶修课程之前，我们会先与父母们沟通。一是了解每一个孩子的情况；二是把孩子们要在学堂完成的内容告知父母，并与父母达成共识，努力为孩子们营造一个始终如一的环境；三是让父母明确，要借一杯茶、一堂茶修课，完成一次对教育的共同思考，跟孩子一起在一杯茶里获得滋养和成长。

少儿茶修的第一课是认识"礼"和"理"。"礼"和"理"是一对好朋友，让小朋友们明白："礼"是获得尊重的开始，是自我修养的基础，是建立善美的通道；"理"则是次第，是规矩，是章法。

以礼为先，按理行事，知礼懂理。在一杯茶的冲泡过程中，孩子们会对行事有礼、遵守章法义理有切身体会，并愿意谨记遵循。

少儿茶修课堂上，曾经来过一个很特别的男孩——鑫鑫。他不爱说话，有些孤傲，从不与任何同学玩耍。我想试着接近他，于是课间时，每次见到他，我都会先主动向他问好，并找到他感兴趣的话题聊上两句，他的回答也只是简单地点点头，或是腼腆且有些紧张地笑笑。到了第二天的下午，孩子们开始冲泡红茶，我借着介绍红茶，与孩子们分享"如何做一个温暖的人"。

给孩子喝的茶不能太浓，我让孩子们用的是 110 毫升的盖碗，放 3 克存放两年的正山小种。因为泡茶的水温不是太高，所以泡出的茶汤是淡淡的香甜，孩子们喝起来很适口愉悦。

我走到鑫鑫的茶席前，手里拿着试茶的杯子，向他示意要喝他的茶汤。他恭恭敬敬地用了课堂上讲的双手礼给我倒了一杯茶，然后羞涩地用大眼睛看了我一下，又低下了头，表示期待和询问。此时的我有着非常强烈的感动，看到孩子行的双手礼，就知道这个孩子用心的程度。

我问鑫鑫："你觉得这杯茶怎么样，喜欢吗？"

他很严肃且严谨地回答："我很喜欢，以前喝过妈妈泡的这款茶，这个味道我记住了……"

我认真地喝了鑫鑫的茶，平复一下，没让眼泪流下来，稍停片刻对他说："你泡茶的状态非常认真专注，尤其是你行的双手礼，让我感觉到了你内心的温暖和恭敬，茶汤的滋味很香甜，喝你的茶让我感觉很幸福，谢谢亲爱的鑫鑫。"

我的评语给完了，他所有的拘谨都在一杯茶里舒展开了，他笑得很入心，跟他的年龄有些不相仿，那笑容里有着一股男子汉的力量。

在最后一天的结业茶会上，鑫鑫捧着自己冲泡的茶，小小的身板郑重其事地弯腰行礼，恭恭敬敬地给妈妈敬茶。孩子的赤诚让妈妈欢喜地落泪，在与孩子交流之后的第一时间，妈妈的目光便在寻找老师，泪光中满是感动和感激。

让孩子知礼懂理，做家长的我们，在日常行为习惯中应该给孩子营造一个行礼讲理的氛围——我们真诚地弯下腰身，平等正念，真正地做到用礼呼唤礼，用礼传递理。对孩子潜移默化的影响，足以让他们在这个过程中渐渐懂得其承载的价值观，进而对"理"的做到也会顺理成章。因此，在少儿茶修教育中，我们一直倡导"知礼懂理，重在践行"的理念。

行礼，能够启发孩子对礼的思考和表达，能够唤醒孩子对礼的尊重和践行，更能够让孩子们在践行中建立与世界互动的友好通道。当他们在生活中运用这份礼的智慧时，无论对待家人、师长、同伴，还是陌生人，都能够做到知礼敬、懂礼法、明义理、讲道理，便会成长为真正的君子、淑女。

三、茶小白的第一杯茶

"我一直认为茶离我很远，觉得那是上年纪后得闲了，才会去接触的东西。但是上完茶修课，我有种感悟——这世上只有两种人，一种是爱茶的人，一种是还不知道自己可以爱茶的人。"

这段话是出生于 1999 年的佳慧说的。佳慧是我们第五十六期"泡好·喝懂一壶中国茶"的学员，是一名服装设计专业的在校生，现在才读大三。刚来到和静茶修学堂时，她以"茶小白"自居，说自己连茶具都认不清，再好的茶叶喝起来只觉得是"苦涩的热水"。随着学习的推进，佳慧对茶的了解越来越深入，她说自己"懂得了茶的丰富多彩，也了解到如何去诠释茶的丰富多彩"。

茶小白的第一杯茶，给她的恣意青春增添了许多好奇和试探，也带给她更多期待和欣喜。不太善于言谈的佳慧略带几分羞涩地分享："原来泡茶并不像我所想的那样古板、老套、无趣，而是生动的、灵活的、美妙的。老师说过，生命里第一杯感动的茶一辈子都不会忘记，在这里我找到了……"

十九岁的孩子，小茶苗一样的年纪，能够这么早地接触到茶，真是莫大的福报！

这样一杯承载了几千年历史与文化积淀的茶，从某种程度来说，对年轻人可能太厚重、太传统了，所以，有很多茶人担忧——在这个科技飞速发展的时代，茶是不容易被年轻的一代所接纳的。不少人都曾试图找到更新奇的方式，去迎合他们的生活状态和消费需求。但我是个"乐天派"，一直对"年轻人也可以爱上一杯传统的中国茶"持乐观心态。

经过这些年对茶修精神的分享与推广，看到越来越多年轻人习茶后的变化，以及对一杯茶的真正喜爱，我越发坚定地认为——我们是承前启后的一代人，我们有责任把有价值的文化、精神和思想精准地送达给年轻一代，让他们更容易梳理出古老文明的脉络；他们对优秀传统的接受和转化能力，是超乎我们想象的。

一杯茶就是恰如其分的有形载体。把一杯茶泡好，喝懂，让年轻的孩子们懂得一杯茶的美好，被一杯茶的美好影响和引领。在对中国茶的品赏中体会传承千年的中式时尚，在一杯茶的能量里与中华精神同频和聚合。

和静茶修学堂迎来了很多像佳慧一样的年轻人。他们带着好奇、探究走进这里，一堂茶修课下来，他们便爱上了茶。

他们十几岁、二十几岁、三十几岁，是当下的最具活力的新生代。当他们在课堂上践行了茶礼，进入了规矩，体验了秩序，获得了安顿之后，年轻生命所迸发出的鲜活思考，经常给年长的同学带来惊喜。尤其是年轻的茶小白，更容易在茶里找到青春跳跃的落点和开辟成长新路径的起点。正如佳慧所言："泡茶时'用心'和'分心'完全是两种天地，茶叶是会说话的。我用心对待，'她'回馈给我的滋味是有情感的，色、香、味、韵都清晰明了，而且那种茶汤变化的美妙极有趣味，让我很着迷；我若不用心时，'她'好像也在敷衍我，又会呈现出只是'苦涩的热水'，每每这个时候都会让我警觉，会马上把心找回来，从而再度体会我爱上茶的那一刻的内心感受。因此，我理解了老师讲的什么是与自己相处，又怎样能够借由一杯茶跟自己在一起，这就是借茶修为，以茶养德吧……再看到学堂 90 后的讲师及助教，工作起来是那么投入和自律，配合默契的程度让我无法想象，这些都给了我很大的触动……"

佳慧成长得很快，如今的她俨然已从"茶小白"变成了"小茶迷"，每天用行茶十式郑重地为自己泡茶，恭敬严谨，修炼心性。学服装设计的佳慧，因为对一杯茶的喜爱，对茶人有了深入的理解，对茶生活也有了全新的认知，十九岁的她已创立了自己的茶服品牌"湖隐"。她一边读大学，一边习茶，一边创业，瘦弱纤细的她内心蕴含着一股强大的力量，让人敬佩。

她告诉我，持续地习茶和严谨地行茶，让她更懂得了"仪式感"的意义——仪式感不是形式，是真正发自内心的敬畏之心，是更好地建立尊重与被尊重，实现欣赏与被欣赏的美好生命状态。

四、向我泡过的茶致歉

　　"泡好·喝懂一壶中国茶"一阶课程开课之前，学堂的负责人会把学员的相关信息发给我。其中一项信息是每位学员习茶的年限，我们称之为"茶龄"。每期一阶课程，十年以上茶龄的学员都会占四分之一以上。这些学员有的是在茶山长大且长期生活在茶山的，对茶有着深厚的情感；有的是经营多年的茶馆馆主或是茶店业主，有着丰富的经验；还有的就是自己喜欢茶，一直都在寻茶访师的路上，有着非常严谨的学习态度……

三芽，今年四十二岁，出生于安徽，十五岁开始上茶山采茶，现今在江苏盐城经营着"三芽茶店"，她来和静茶修学堂之时，与茶打交道已经有二十五年了。她长得很标致，只是有些不修边幅，带着浓浓的乡音，率性之中带着几分强势。

　　她参加了第五十期"泡好·喝懂一壶中国茶"的课程。第一天下午，进入行茶十式部分的实操时，她显得有些不耐烦，觉得有了这么多的规矩反而不会泡茶了……但是，到了第二天下午结课时的分享，她第一个站出来表达。站到前面的她特别激动，略带哽咽地说："我很惭愧，我泡了这么多年茶，此时此刻才明白我好像从来都没有懂得茶，从来没有认真泡过茶，更谈不上与茶交流……"

　　她越说越动情，甚至不得不停下来稍稍平复心情，之后她继续说道："之前几个朋友都向我介绍过和静茶修学堂，介绍过王琼老师。我自己做了十几年的茶叶生意，全国各个地方、各种形式的培训、学习、交流也去了不少。听到她们把茶修课程说得那么好，我当时是半信半疑的，觉得恐怕也只是一些形式化、表面化的东西。我是带着好奇、带着质疑来到这里的。第一天上午，我看王琼老师泡茶就感觉很震撼，王琼老师的静定让我很感动，现场看王老师泡茶跟看视频完全不一样。感动之余我也产生了疑问——盖碗还可以这样用，真的不烫吗？到了下午练习的时候，我有些坐不住了，觉得泡茶不需要这么麻烦吧……下课之后我就不耐烦地离开了，跑去约朋友吃饭，睡觉前甚至开始怀疑——来这里学习是不是错了？要不要提前回去忙自己该忙的事情？但是，今天上午的'能量在心·技艺在手'的课程内容，彻底打消了我的疑虑，我很庆幸自己留下来继续上课。今天老师讲的各种泡茶手法，让我真正理解了什么是'看茶泡茶'，也懂得了为什么在泡茶时会生起恭敬心。王琼老师把总结了这么多年的宝贵经验，全心全意地分享给我们，我除了感恩，就是惭愧……"

说到此处，三芽的泪水又夺眶而出，她索性边哭边说："特别惭愧，我这么多年一直觉得泡茶只是工作，我从来没有给自己泡过茶，更没有真正安静下来，每天泡茶就是为了卖茶，心里想的全是如何卖更多的茶……我很想对之前泡过的茶说声对不起……"说完之后她就恭恭敬敬地行了诚礼（即90度鞠躬礼）。

三芽的真诚赢得了热烈的掌声，我非常理解她此时的心情，她真实打开了认知茶世界的大门，开始与一杯茶建立起交流的通道，之前泡过的茶不会白白过去，都化成了今天这杯觉悟之茶的铺垫。

结束和静茶修之行，她回到安徽后不仅自己坚持践行，还把妹妹四芽也送到学堂，姐妹俩成了茶修同学。茶修，让三芽不断成长、日益优秀。随着三芽在推广茶文化上的不断付出，她已成为当地小有名气的茶人。前不久，她接受了当地电视台的专题采访，这期节目播出时的标题是——"茶女三芽"。从她分享的照片上，我看到，三芽已优雅得让人眼前一亮，很美。茶修，让三芽迈入一个阳光普照的路口，当她再次出发的时候，相信她一定会越走越踏实，越走越笃定，越走越幸福。

对于茶龄较长的经营者而言，泡茶是最熟悉不过的事情，熟悉到无须思考便能够凭借肌肉的记忆把茶泡好。殊不知，这样的熟悉也是一种障碍——是我们突破意识和行为的障碍，是我们思索和践行"用心泡茶"的障碍。面临产品升级、服务升级的挑战，在经营中找到自己的核心价值，不断地创造附加值，会帮助我们把挑战变为机遇。真正回到茶叶本身，踏踏实实，重拾热情，用心诠释茶的美好，分享一杯茶里的智慧。这既能帮助消费者收获茶叶商品以外的文化滋养，又能提升我们的企业美誉度。何乐而不为呢？

三芽再次回来共修"茶修讲师班"的时候，一进门就恭恭敬敬地行了一个诚礼，激动的情绪已经掩饰不住，她喜悦地分享道："老师，自从上次学习回去，我每天坚持用行茶十式泡茶，而且在店里培训员工茶礼，重要是恭敬心。刚开始客人还不太接受，说怎么学习回来变得有些奇怪……说实话我动摇过，但当我想起老师的话'一切行为发生都是由认知决定的'，想起我对之前泡过的茶的道歉，我对自己说不能再回到从前。于是我坚持下来了，我希望自己能够像学堂的老师那样静定自在地泡茶，修养自己，影响他人。"

她越说越沉静下来，她的语言和情绪的传递让我感觉很舒适，很有温度。稍停后她又接着说道："老师，我回到和静园的第一件事情就是当面跟您分享我的收获，我知道了人生方向，我知道怎样去改变，员工被我影响了，孩子和老公也都夸我，尤其是好久不见的朋友，说我从里到外都变了……现在我对自己充满了信心，每当我有懈怠的时候，就会想起之前泡过的茶，忏悔心一出现，我就会警醒。老师，特别感谢您……"

真正的歉意，是对错误的知道与接受，是觉悟的开始，更应该是改变的开始。三芽把她的歉意时时当作"警示"，于每个当下自持、自修，我想，这便是实现自明与自得的开始！

五、茶汤中修知止之慧

　　火热的八月，一对中年夫妇推开了和静园的大门。女人喋喋不休地数落着男人："早就跟你说过……要是听我的，就不会这样……你这个人，永远这么固执……"男人皱着眉头不吱声，脚下加紧了步伐，女人还是不依不饶地跟上来……

　　看到这一幕，我赶紧反思自己。不管多严重的事情，一旦发生了，我们能做的就是乐观接受、积极解决，别再去埋怨别人，也不应过分责备自己，否则于人于己都只会带来更大的压力，对于事情的解决毫无意义。不知止，就有失分寸，让大家都不舒服，甚至是尴尬。

　　女人决定着家中的风水，我们很愿意接受这样的托付。那就从修"知止"的智慧着手。这份智慧将让家庭远离喋喋不休的埋怨和以爱之名的限制。对于丈夫而言，这是最大的支持和信赖；对于孩子而言，这是最好的陪伴和引领；对于老人而言，这是最妥帖的孝心和顺意。

　　一杯平衡的茶汤，需要将诸多因素把握得当，方可实现，比如水温，注水方法，坐杯时间，茶人的状态，等等。这恰恰就体现了茶人对"拿捏得当，进退有度"的观照，也体现了茶人在此消彼长中对一杯茶汤的呈现。我把这个过程看作"茶中的修炼"——以呈现一杯物质茶汤的手法为起点，以抵达一杯精神茶汤的心法为终点，这段由起点至终点的行程，就是我们修炼生活智慧的脉络和轨迹。因此，一分知止，十分喜悦。

无论是厅堂厨房里的女人，还是齐家治国的男人，都能够在"止"中推开另一扇大门。止住了自怨自艾，就生发了自信和力量；止住了喋喋不休，就生发了倾听和共情；止住了口若悬河，就生发了冷静与洞明；止住了妄加评判，就生发了理解和尊重；止住了急功近利，就生发了专注与从容。

止，就像一道分水岭，如果我们对待生活不懂知止，生活就会对我们咄咄逼人，当我们收回对立、放缓脚步时，就会发现"止"的背后风景无限。

口容止，不是语言的尽头，而是思想的开始；心容止，不是情绪的尽头，而是至善的开始。

告诫自己知止，先从日常行为开始。走路时，不急不缓，稳稳当当；交谈时，葆有耐心和倾听，多去感受和理解，不抢白，不主观；抉择时，多一些拿捏和宽宥，少一分计较与纠缠，先利他，再悦己。

知止的女人，说话可以快速，但不会急躁，总能流畅清晰地表达关怀和温暖，让人如沐春风；知止的女人，眼神可以直接，但不会凌厉，总能以宽仁之心化解窘境和困难，在理解中达成共识；知止的女人，想法可以坚定，但不会固执，总能以豁达和平等的态度待人接物，妥帖适度。

这样的优雅，这样的高贵，这样的可爱，这样的可敬，原本就应该属于女人。

修养慧德，做幸福女人！

六、赛车手的茶修生活

"当我坐进赛车里，戴上头盔的一瞬间，外在一切的声音就都没有了，全世界仿佛只剩下我一个人，我就能够集中所有的注意力在当下。我曾一度以为唯有赛车如此，后来，在茶里，我找到了同样的感觉……"

这段分享出自一位有着多重身份的男学员之口。他还有着更深刻的生命体验："当我准备泡茶时，一落座，世界就安静下来，眼前只有茶，只有我自己，这让我非常喜悦，因为我又找到一条路径……我的前半生节奏太快了，几个大的目标实现之后就有一点迷茫。下半生，我想把节奏慢下来。我发现茶是一个很好的载体。"

他是卢俊杰，最早是一位摩托车赛车手，因在摩托车赛事训练中发生事故，右腿粉碎性骨折而转战汽车赛。凭着不言放弃的努力，他两次获得中国汽车拉力锦标赛的冠军。生活中，他酷爱旅行和摄影，曾背着相机成功穿越被称为"死亡之海"的罗布泊，拍下了最美的星空。

他的经历，听起来刺激而惊险。但是看他泡茶，又会感受到无比的沉静和稳妥。他来到和静茶修学堂，已经修习完"泡好·喝懂一壶中国茶"的系列课程，因为一杯茶里的感悟，他把爱人和女儿也送来了，一家三口同学，成为茶修家庭。茶，在俊杰的生活里扮演着很重要的角色，他说，我现在出门一定要带茶，就像要带身份证一样。

谈到与茶修的结缘，他说要归功于身边喝茶的朋友们。"我周围有很多王琼老师的学生，他们学茶回来后都有很大的改变，这让我很好奇。于是，我就来了。上完一阶课我很受触动，对茶、对自己、对家庭都有了很多新的认知。我发现，茶修可以疗愈，可以让你看透很多曾经想不明白的事情，甚至可以让你的性情更加温和稳定，让你的幸福感得到提升……"

课堂上的俊杰非常认真，那份严谨、自律和求知精神很感染人。我记得有一次回来上课，他分享自己的困惑："学

茶让我变得很安静，可以一整天不出门，也不接受朋友的邀约。当时很多朋友看到我变化反差这么大，说这样不行。其实我自己也觉得不妥。但是我又不知道怎样去平衡。"我回应他，茶人，安静，但不能被安静所限制。

是的，静与动之间永远是相辅相成的，动与静在极速的状态下达到对立统一，动中有静，静中有动，动静才能相宜，动静才可相生。看似刺激火爆的赛车手，有着沉稳安静的一面；而看似静如秋水的茶人，也应该有鲜活灵动的状态。这应是智慧生活的基调，也应是美好生命的本质。俊杰在赛车的经历中最大限度地释放热情和动能，又在茶修的体验和践行过程中实现了生活中的动静转换，在日日行茶里以"静"的形式安顿生活里的"动"，获得自在平和的生命状态。

俊杰的困惑其实已经自有答案了，我们也在他的精彩生命体验中得以借鉴和参照。权以这份思索入席，泡一杯茶，与师友同修！共勉！共享！

七、我和妈妈成为同学

十一月的一个上午，处理完工作上的事情，我回到茶室，烧上水，准备泡款老白茶，消一消冬日的燥火和寒气。等水的间隙，我打开手机，看到了灵照的信息。

灵照是第七十九期一阶课程的学员，95后，今年夏天刚刚大学毕业。她坦率而俏皮的文字，像她的名字——灵动，自带光芒；又像她的个性——顽皮跳脱，视角独到。读着读着就让人不禁嘴角上扬，心生欢喜。突然间，一段文字触碰了我心底里最柔软的部分，眼泪一下子就涌出来了……

"茶，像看不见的脐带，把我和妈妈从身体、思想、心灵都幸福又亲密地连接起来，喝妈妈泡的茶可以感受到她的心，我好像更理解她、珍惜她了，她是我最好的宝藏，一直都在源源不断地给我输送最好的营养，我现在才真正体会到，茶修的践行带给了我难以想象的愉悦……"这是灵照的原文，我被她赤诚的表达感动到措手不及。

脐带，多么深刻而美好的比喻，这是最原始的连接、最本能的信任、最朴素的温暖、最永恒的牵绊，让人心生敬畏、心生感动。

灵照与和静茶修学堂的故事，还要从灵照妈妈说起。灵照毕业的时候，妈妈送了一份特别的礼物——跟王琼老师学泡茶。于是，我们见到了这位来"兑现毕业礼物"的小同修，上课时，灵照超强的感受力让我印象深刻。她上课时分享道："这是我自己泡的人生第一碗茶，在茶汤里我看到了一览无余的自己。那些我平时严实遮掩的东西，比如烦躁紧张、退缩犹豫等，都赤裸裸地在茶汤里显现，茶的味道就是我的面目，我的一切都骗不过茶！"她的表达显示出一种与年龄不相符的成熟和深刻，让我在吃惊之余对她有了更多的关注。是啊，孩子永远是最接近智慧的，他们没有那么多的套路，也没有已固化的障碍，只要专注下来，生命原有的鲜活就能让他们更好地感知和转化眼前这杯充满智慧的中国茶。

上完四天的一阶课程后，灵照和妈妈又一起报名了二阶和三阶，成为同班、同桌。灵照说把茶修带回家，让她和妈妈的亲情又加上了一层同学的关系，每天一起泡茶，一起写行茶笔记，一起在茶里探讨和延伸，她甚至还向妈妈发出挑战："我放出大话，我们已经是同学了，我要跟您PK，真正的PK！"

母女共修，像是一种别样的仪式，让传统家庭的亲子关系实现平等对话，进而达成一起成长的共识，这让家庭生活幸福和谐、充满乐趣。

母女同学，更是一个妥帖的契机，让彼此间放下因亲密关系而难以避免的太过在意和紧张，各自独立地思考和表达。当两个人在一杯茶里照见自己、照见彼此时，没有了"爱的泛滥""关心则乱"的障碍，亲情的流淌会更加顺畅，心灵的交汇处会充满幸福的芬芳！

灵照还跟我分享了她对"秩序"的重新认知："曾经我认为'秩序'是拴住心灵的绳索，行茶让我明白，那些所谓'自由''real'的标签实则就是我内在的'散乱'和'胆怯'。是茶修打破了我的无知和偏执，让我懂得有秩序才能

　　拥有真正的自由。我开始愿意遵循'秩序'，但没有禁锢，也没有迷失自我认知，反而更加勇敢和明确。我清晰地看到自己的不足，但我不会因为有不足而自我否定，也不会对抗和躲避，因为同时我也看到了心底深处的光明，我非常相信，任何一件小事里都藏着一个成长的大礼包！"

　　灵照自由的天性和不拘一格的思维模式跟她学习艺术有关，她在大学里学的是古籍修复，现今又在西藏学习唐卡绘画，非常澄明和坚定。她学习完一阶的课程，灵感爆发，画了很多幅插画。其中有一幅，画着心口长出一只大大的眼睛，寓意着她的心明亮了。正如她所说："我收获到了'茶修的心'。'茶修的心'不仅限于泡茶的过程，一切地方都能用，不用就亏了。抽象点说，我画画时心里好像打开了一扇窗、一道门，我能看到很多过去看不到的东西，我可以感受到内心无穷无尽的热望在燃烧，我愿意表达我自己的情感，我可以传递我的能量……"

二十岁出头的孩子，在一杯茶里学会了感知，懂得更深层面的感恩，这是多么宝贵的成长。此时此刻，我在这里写着有关她的故事，而她，正在青藏高原用自己的"践行"和"做到"，去追寻青春的梦想。

开始学茶以后，茶和茶具就成了灵照行囊里必不可少的装备。一是要自己行茶，二是要跟大家分享茶，最重要的是不能停止与妈妈同修的脚步，在遥远的西藏也要跟妈妈有实时连接。

我知道，高原的水温只能达到 85 度左右，但绝不会影响灵照茶汤里的滋味！

八、夫妻共修幸福秘籍

　　"我们愿意用自己的言行去感染周围的家人和朋友们，一同发现生命的真善美。"来自湖北武汉的吴小满与肖正阳这样说。他们是夫妻，是同学，也是同修，他们看待彼此的眼神，会让人觉得世界是如此纯然和美好。

　　夫妻俩一同来到和静茶修学堂，修习完第七十八期"泡好·喝懂一壶中国茶"后，又一同参加了第七期"和静茶修·讲师资质班"课程。他们希望通过不断的学习，在茶修的道路上越发精进。

小满这样介绍他们喜欢茶的缘由："我们俩原本很少喝饮料，茶也喝得很少，总觉得白开水是最自然的……但是我们喜欢传统文化。诗词歌赋、书画历史，这些积淀了几千年的优秀文化里总有茶的影子。于是，好奇心让我们走进茶。来到和静茶修学堂，结识了王琼老师，让我懂得了什么是'身正为范'，也让我和先生真正开启了自我认知和成长的大门……"

课程中的小满和正阳学习非常认真，在他们身上能够看到孩童般的纯真赤诚，葆有好奇，葆有热望。这让我很感慨。夫妻相处，最怕的便是索然无味，最难的就是把平凡的日子过得有滋有味。

有了茶，便多了一些色彩和滋味，更多了一份连接和牵挂。他俩上课时一定要同桌，课堂上的每一杯茶汤他们都会一起深入体会，相互切磋，每一次的笔记都会认真交流，这对夫妻在习茶的路上成为纯粹的同学。

"日日行茶"的作业，小满比正阳完成得要好。正阳被点名时小满抢先回答："我们店里的事情太忙了，他把写作业的时间留给了我……"听完小满有些不好意思的解释，我笑了，收下了带着如此深情的不完成作业的理由。

有了茶，夫妻间的话题除了眼前的老人孩子、柴米油盐，也多了一些诗意和远方。闲暇时布一方茶席，推杯换盏中让疲惫的身心得到休整；为朝朝暮暮的眼前人泡一道茶，拨开生活的琐碎迷雾，对彼此葆有欣赏和期待，让亲密关系葆有鲜活与趣味。

站在茶修讲台上的小满和正阳各有千秋，他们把对传统文化的学习积累完全融入一杯茶的冲泡和一堂课的讲授中。平时的小满总有几分羞涩，但在讲台上，她的真诚亲善、全心全意、温暖关怀、声容静好中，有着极强的代入感，在授课考核时，她赢得了同修们的一致好评。正阳具备中正茶人风范，台下言语不多，台上滔滔不绝，非常积极乐观。他们讲课时，来自另一半的关注和鼓励都化作能量，毫不减损地传输给对方，随时随地达到默契共修。

有了茶，家里的关系和美安顺。正像正阳夫妇描述的那样，平时工作太忙，偶尔能腾出时间为岳父岳母泡杯茶，已是一家人共同的幸福念想。只要开始张罗泡茶，老人们就喜笑颜开，孩子也会马上跑过来，这时岳父定会带着几分自豪地说："把孩子们带来的茶叶拿出来，让正阳来泡，我喜欢他泡的茶。"这样的日子，就是美好的茶生活，幸福会由一杯茶蔓延开来，茶在杯里，茶香在杯外，家里充满爱的温暖。

以茶为媒，夫妻同修，学习的是为人之道，生发的是相处秘籍。男子中正平衡，女子知止简慧，幸福的种子在同学共修中生根、发芽，已显枝繁叶茂之势。

夫妻同修，除了对彼此生活的照拂，还有对彼此心灵成长的成就，这是两颗心在一杯茶里的靠拢和聚合，是一双灵魂在芬芳中的绽放和共舞，更是人生伴侣在生命道场中的共修同行！

九、一杯茶里爱上自己

"当想喝茶的急迫、不喝茶的难受达到一定的程度时，日日行茶，就会自然而然地发生，不用你去刻意，甚至不用去想，它已经变成了一种习性，变成生活的一部分。这时候，所谓的有没有时间，能不能坚持这些问题就都解决了。"

这是谢秀梅作为"日日行茶"的践行榜样受邀参加讲师班复训时的发言，她是"泡好·喝懂一壶中国茶"第六十期的学员。自从上完一阶课，她便把"日日行茶·时时修持"的茶修理念践行至今，已有五百多天。在学员共修群内，每一天都能看到她的行茶笔记。也正是因为这份坚定的践行，让她成为唯一一位仅上过一阶课便能参与复训的同修。

"日日行茶·时时修持"，是最朴素无华的修行法门，只要把细节做到极致，细节之上的能量自会显现。但从坚持到养成习惯，却不那么容易，能够持之以恒的仍是少数，秀梅就是这少数。

秀梅有一种很独到的态度："你完全可以是极少数人，做极少数的选择。"她是这样说的，也是这样做的。她把看似浅显的行茶，从一坚持到了五百，并要一直坚持下去。我想，这不断累加的不仅是数字，更是她的信念！

她说，行茶不应该是"争取""尽量""努力"，而应是"愿意""习惯""期待",就像每天要吃饭,不吃就会饿一样……朴素的语言,简单的表达,却充满了冲击人心的能量。

这就是茶修的神奇之处,能够让一位个性张扬的 90 后女孩日日如一地坚定行茶,并认真慎重地写下对一杯茶乃至对生命的思考。同时,这也是茶修的朴素之处,就在生活里,就在茶席间,就在你落座、执壶的细节中,就在你动笔、分享的态度里……

毫无疑问,五百多天的行茶带给秀梅的收获很多——从冲泡的技艺,到对一杯茶的深入理解,再到待人接物的变化,以及精神面貌的改观……她说:"创业让我心力交瘁,成长的压力逼着我一刻不能停歇,但是茶修让我生出满满的安全感,我对未来没有那么迫切了,因为我知道,过好现在的每一天,智慧和强大一定会赶在我变老之前到来。"

她是一个非常自律的人,自律就很容易找到规律。她每天一定要很认真地准备早餐,上班就从一次行茶开始,下午一定要健身。这日子过得真可谓明朗透彻,身边的人都羡慕她。如果说她的这种生活方式是榜样,我们照做是否也可以同样痛快?答案可能会在"坚持"的问题上分出了多数和少数。

在复训课程的"茶修之美·角色"篇里,我们设置了话剧表演的环节,希望同修们在戏里戏外感知角色的转化,探寻背后的拓展及可能。秀梅的角色是《红楼梦》中一个不起眼的小丫鬟,扮相普通,戏份也不多。她并没有因为角色小而有丝毫怠慢,跑前跑后地帮助其他同修,认真地琢磨小人物的一言一行,热情地投入到每一次的准备里。对角色全然投入,让她将这个小丫鬟诠释得极为出彩。

"我很幸运,在还算年轻的时候遇见老师。日日行茶一直坚持下来,我还没想过要达到什么,成就什么,但是却看到了自己那些外在的包裹及捆绑,它们阻碍了我内在的释放

和与外界的连接，我很想慢慢地剥落这些阻碍，找到真正的
自我。"

　　真好，真的由衷地为秀梅高兴。在一杯茶里，在每一天
的笔记里，在每一次新的体验中，学会踏实践行，懂得成全，
耐得住寂寞，受得了压力，能够在纷繁琐碎中坚持初心，能
够在不完美中欣赏自己，为自己创造安全感，越发喜悦，越
发坚定，越发热爱——对于年轻人而言，还有什么比这些更
鼓舞人心！

十、我做了自己的主人

2018 年，距中秋节还有三天时，我终于如期交付了和静茶修第二次复训课程。这是已毕业的讲师班、馆主班、高阶班同修们期待已久的相聚，也是和静茶修学堂在密集的排课中抢出来的两天，大家盼望着见面，盼望着分享彼此践行的喜悦，盼望着又一次成长的碰撞。

许久不见，每一位同修都有一些变化，最让我吃惊的是庆英，头发几乎白了一多半——是身体出了什么问题吗？我有些担忧，因为她之前曾有过腔梗。但是，我发现她精神饱满的状态远远超过了我以往对她的印象。早上，她推开和静园的大门时，用深深地鞠躬回敬每一位恭候迎接同修们回家的讲师及助教，那样郑重其事，那样真心诚意。腰身弯下去的时候，她的眼泪就止不住了，满满的都是感动。她感动的样子散发着温暖而坚定的光芒，笑容极其灿烂，没有了之前的纠结和悲苦，散发出充满正能量的生命态势。

在课程中的发言，她的娓娓道来也令所有人动容。"我是来自哈尔滨的吕庆英，是属于超级耐看型的。也许你们会惊叹我的白头发，是的，以前白发长出来了我会赶紧去染黑，但是现在不会了。白头发一定藏着我曾经对待身体的方式，那是我的生命印记。身体出了问题，一定是我们违背了什么……白发虽不能够代表我的生命厚度，却一定是我茶修之路的见证……茶修之路上，尊重自然规律，尊重生命规律，悦纳、践行、修正、修养，若真能这样，便走上了通达之路，精神的通达一定有助于身体的通达……我不漂亮，但我可以耐看，可以修成美和美好，我更愿意成为同修们美好的一部分。"

　　庆英的热诚分享给所有人留下深刻印象，大家记住了她的白发，记住了她的"耐看型"，更记住了她那份坦然背后的自我接纳和相信。她说现在过得很从容，无论是身体的疾病还是生活的琐事，都接纳，既然来了就一定有原因，去"修"就是了。庆英现在已经在哈尔滨创立了自己的茶修工作室，在用自己的生命体验和心路历程，分享一杯茶对充实生命的意义，分享一杯茶对修成美好的可能。

虽然生活给了她很多考验，也曾让她陷入困惑和迷茫，但是现在，她在一杯茶里找到了通道和希望，找到了面对生活的勇气和信心，不再被生活赶着走，不再被情绪带着跑，而是真正做了自己的主人。

做自己的主人，是能够与情绪对话，是冷静地对待"心的声音"，是对每一个意念的起落来去了了分明。

可能每个人都曾听过这样的建议——跟着心走，跟着感觉走。其实，细细想来，我们需要建议时往往是陷入困境时，此时的心是混沌的、迷茫的，甚至是冲动的、失控的，此时的心如何能做主人呢？所以，我们要做心的主人，才能成为自己的主人。

就像后来庆英在与我交流时说："人们常常感伤于秋天的枯萎，仿佛枯萎已经成为完结的代名词，收获也被覆盖了；但实际上枯萎是枯萎，收获是收获，它们虽然共同存在于季节的交替里，却各自独立。枯萎并非收获所致，也不会影响收获。认知到这一点，就不会因为枯萎的到来而心有戚戚焉了，万物如此，人生亦然。"

所以，还有什么不能坦然悦纳的呢？白发、皱纹、生老病死，本是生命的自然历程；困难、障碍、命运不公，也是生活的一部分。允许它们的发生，允许它们的独立，不让忧伤打扰平静，不让悲愤影响喜悦，收获是收获、枯萎是枯萎，本应了了分明，何苦含糊胶着。

当内心忧伤或焦灼时，当情绪低迷或混乱时，拨开蒙蔽心灵的迷雾，用智慧的眼睛看一看究竟发生了什么，冷静地想一想，找出表象里面的本质，唯有这样，我们才能时时葆有洞见，自信勇敢地面对万物，做心的主人，做自己的主人，悦纳生命原有的馈赠！

放弃一件事情有千万种理由

而坚持

只需要一个念力

就是为了遇见更好的自己

每天留给自己一段泡茶的时间

把自己放进壶里

把茶放进心上

一切都会悄悄地改变

第三章

茶修理念：

日日行茶·时时修持

从建立学堂那一刻起，我们就提出了"日日行茶·时时修持"的茶修理念，作为共修的"把手"。日日行茶，是让自己养成一种习惯，获得一份身心修炼的依托，也是让兴趣既可聚焦又可发散的索引。日行一茶，从泡好和喝懂物质的茶开始，到对当下所发生的一切做归纳和整理、修正和安顿，一杯茶成了真实不虚的载体。

如果日行一茶后能写下行茶笔记，从视觉、嗅觉、味觉到心觉再次梳理从一杯茶中获得的真实感悟，那在日行一茶的践行中，成长的奇迹就会悄然而至。

如果可以做到日日行茶，就专注、投入地做，把它当作快乐的修行，在修日常行为的过程里，时时修正，念念修持，以茶为师，奉行规律。

日日行茶是时时修持的方法，时时修持是日日行茶的目标，两者互为因果。我们将一杯茶给予的启示归真当下，导入生活，进而指导每一天的意识与行为，熏修秉性，提升智慧。所以，行茶是载体，是方法，是路途，而和静茶修·行茶十式中所传导和尊崇的关怀、温暖、和谐、专注、有序等一切美好，则是行茶的追求，也将是修持的结果。

静坐于茶席前，煮水备茶，用双手郑重地捧起茶器——观，观照内心，觉知当下，真实地看见自己；止，知止中正，止语止念，制心于茶，修止的智慧；行，以太极的轨迹行茶出汤，有去有回，知道做到，内外兼修，以行实修。这是每一次泡茶应遵循的仪轨。其实，行茶的"一招一式"只是茶人的行为导向及规矩，但在重复修炼的过程中，茶人的内在就会生发无限能量。

日日行茶，于行茶时安住，是需要，是习惯，是工作，是趣味，更是自我修持……

每日清晨，要给家人泡一杯茶；开始工作，要与同事们泡一杯茶；朋友来了，要共品一杯茶；茶修课堂上，要分享一杯茶；重要的是，每天不能忘记给自己泡杯茶……这，已然是无处不茶！

放弃一件事情有千万种理由，而坚持，只需要一个念力，就是为了遇见更好的自己。每天留给自己一段泡茶的时间，把自己放进壶里，把茶放进心上，一切都会悄悄地改变，终将有一个时刻，我们会发现，"我"已经成为那个曾经无限向往的更美好的自己……

在学堂上，有规矩和仪式的行茶，让同学们感受到身心合一的安顿。许多同学结业后，便开始了"日日行茶·时时修持"的践行，并愿意以茶人自喻，以茶师十律自持。他们在行茶中获得精进，在分享中获得幸福，成就了很多感动自己、影响他人的生命成长的鲜活案例。每每看到这些，我备受鼓舞，同时会更加潜心精进。我深知，要让自己年过半百的生命不断进步成长，才可以更好地陪伴我亲爱的同学们。

在这一章，我特意整理了十七篇品茶笔记，与师友们分享习茶心得。

一、清雅的绿茶

1. 揽得满园春色入心——太平猴魁

茶品：太平猴魁。

产地：安徽黄山，荷花塘，海拔880米，位于猴坑狮形峰的对面。

特征：太平猴魁采摘时间为谷雨至立夏，外形两头尖，不散不翘不卷边，特征极其明显，两叶抱芽，扁平挺直，肥厚壮硕，满身披毫，含而不显，叶脉绿中隐红，俗称"红丝线"。叶长5～7厘米，不会跟任何茶叶混淆。荷花塘所产的猴魁，因为高海拔的生态环境，且又是平均树龄达百年以上的群体种，成就了内质丰富、兰花香高、滋味醇厚、韵味幽远的特点。

外形：干茶色泽苍绿匀润。

香气：有清幽的兰花香。

滋味：浓而不涩，淡而不薄，清爽幽长，回味甘甜。

韵味：鲜醇爽口的茶汤，优雅的兰花香，让人迷恋的兰韵。

冲泡：

一个初夏周末的上午，阳光恰好，心情正妙，这样的时刻一定不能没有茶。凭直觉首先想到了黄山的茶修夫妇——刘泽民、赵小花寄来的谷雨头采纯手工的太平猴魁。于是开始布席备具，准备的过程身心就已经舒朗起来，音乐响起，一切妥当。

我们四个人一起喝茶，准备两只200毫升的玻璃公杯，一只公杯留作泡茶，另一只留作盛放茶汤。按工夫茶的方式来冲泡，以便细细品味每一口的滋味、每一杯的变化。再为每人准备一只胭脂水釉色的玉兰杯，杯形清秀挺拔，与猴魁干茶外形相应，且可以让猴魁优雅的兰香更好地聚合。

干茶取出的那一刻，清幽的花香就调动起大家的兴致。

水沸润器，将4克猴魁干茶立于一只刚刚温烫过带着热气的玻璃杯中，热气立刻就呼唤出了干茶的香气，清扬而清雅。

此时煮水器中的水温已降至90度左右，采用定点低斟的注水手法，让水流注到杯壁上，缓缓地沁润干茶，随着杯中水平面的不断升起，绿色在杯中渐渐地扩散开来，热气托着悠悠的兰香，缓缓向你靠近。

待干茶轻盈地舒展，再用沸水稳稳地沿杯壁给力注水至七分满，馥郁的香气弥散开来，清静安顿了当下的场域。坐杯浸泡茶叶20秒左右，这个静静等待的过程，便让我们的身心与茶叶一起舒展明朗，渐入佳境。

这泡猴魁，共泡了七水，从一水的香高味醇，到二水的味浓汤厚，再到七水的兰香依在、清润甘甜，真不愧为魁首，让我们每个人都心生感动，感动这猴魁的品质，感动这茶汤的内质，感动这茶香的悠远清晰……

多人共饮成妙境，一人独饮无空盈。一杯一人品茶，特别选一只高深挺秀的盖碗，器型很现代，专门用来泡猴魁。注水冲好，双手端起茶碗至鼻下，嗅一嗅汤面的气韵，不由得闭上眼睛陶醉在这氤氲的香雾中。此时再将杯子端到眼前，根根舒展的茶叶整整齐齐地伫立在杯中，生发之势无比美妙，满视野的绿，让人不忍近唇。带着几分虔诚的期待轻轻地啜上一口，鲜爽甘醇的茶汤瞬间就鲜活了味蕾，流注在身骨里，清雅之气轻易地就驱尽了燥浊与浮华，口齿之间留下的兰韵，渐渐地弥散到喉底，回味清幽，意犹未尽。半杯过后，身体微汗，只觉得每个毛孔都散出了丝丝茶味，不禁有些许飘然……

喝到尽兴之时，不要忘了每次品饮茶汤不要全部喝净，余下 20% 左右的水根，给下一杯的茶汤调香续味。

单杯泡猴魁，第二水以沸水高冲至杯壁，可以再一次激发茶叶内质，使茶汤淡而不寡，淡中有味，且清甜甘润。

玻璃杯冲泡，可供四至六人饮用

一人用，泡猴魁专用盖碗，碗身高深挺秀

　　每一片茶叶都跟美好的茶人有关。就说眼前的这杯猴魁，随着优雅的兰韵，会让我想起黄山制茶人刘泽民、赵小花。这对模范夫妻，妻子贤惠，丈夫宽厚，2013年创立了自己的品牌——坐观山。他们来和静茶修学堂共修是2013年的秋天，二人非常恩爱，为人亲善，非常好学。他们赋予了一杯茶更多的烂漫和幸福滋味，一杯茶也给了他们家庭与事业最踏实的承载。

　　浪漫的人都希望生命里总会溢满春天的气息，那就爱茶吧！茶人可以于一杯茶中寻得如沐春风的惬意，揽得满园春色入心。只是这几叶绿色的灵物，便足以呈现出色香味韵的交响，这便是天地的恩泽，爱茶人的福报吧！

刘泽民（左四）在与工人研讨制茶工艺

2. 一杯茶，一座山——峨眉雪芽

茶品：峨眉雪芽。

产地：四川峨眉山海拔 1200 ~ 1500 米高山林间有机茶园。

特征：雨水至清明时节，茶园中的白雪未尽，春芽初萌时采摘，故名峨眉雪芽。其外形扁平光润，翠碧挺直秀丽，有机高山单芽精细焙制。属于川茶的代表，与竹叶青同属峨眉山扁平芽茶。因茶树终年佛光普照，聆听众僧诵经，意为峨眉禅茶。一杯 4 克的峨眉雪芽由三百多颗芽芯组成。

外形：头采独芽，自然嫩绿，芽肥饱满，手工甄选，扁、平、滑、直、尖。

香气：鲜嫩、清新、淡雅的花香，深嗅能捕捉到高山林间的清幽。

滋味：甘醇鲜爽，含香灵动，收敛刺激，回甘快捷，韵味淡远。

韵味：鲜爽之中扬起优雅细腻的花香，于喉舌间渐渐弥散。

冲泡：

水沸润器，取干茶 4 克，置于 400 毫升的斗笠盏中，可供四到六人饮用。

第一水用沸水冲泡，采用定点高冲的注水手法，让水流注到碗壁上，有利于浸润干茶，茶叶在盏中有序轻快地翻滚，待芽茶缓缓地挂在水面，用慢活勺的底部轻轻由外及里匀汤，坐杯 1 分钟左右，用慢活勺开始分汤。

这款峨眉雪芽为芽头形绿茶，经过越冬的保护，芽头外面包裹着芽衣，经过高温杀青和造型，芽头会包裹得更紧实。所以，到二三水时，须用沸水高冲才能使芽头的笋尖展开，吸收水分，释放内质，水温与冲泡其他形状绿茶的水温有所差异，而且用盏泡茶，水温降低较快，因此更适合在温暖的环境里选用。

盏泡雪芽，注水后观察到根根饱满的芽茶在水中上下浮沉，每一水出汤根据茶叶沉底的多少控制坐杯的时间，待茶叶全部伫立杯底时，茶叶内质得到彻底的释放。峨眉雪芽内质丰富，使用盏泡可以泡五至六水，甚至更多。盏泡绿茶，敞口开放，不会因为泡茶水温过高产生水闷气，而让茶叶闷黄，从而更好地保持茶汤的鲜爽。

上：盏泡法　　下：慢活勺分汤

千里及她的茶空间

自从结识了千里，每年早春时节就会收到来自峨眉山的雪芽。千里是和静茶修第一期讲师班的同学，在四川有自己的企业。千里与企业的员工共同习茶，同学相长，她热爱峨眉，热爱生命里的这片叶子。她在一次次的行茶过程中变得柔软、静定，在一次次的课程讲授中释放了不惑的澄明。很多时候，我们会因为一个人记住一个地方，会因为一个人喜欢一款茶。这款雪芽还真的与千里的个性有些相似，纯粹率性，爽朗清澈，苦味明显，回甘快捷，兰香清幽，就好像她的快人快语、爱憎分明……今年的新茶已经在冰箱里冷藏了一个月，到了好好喝上一泡的时候了。

品饮这杯澄明的绿，可以让我们领略峨眉的清秀与俊美，清甜的茶汤有着林间冰雪初化时的清冽，带着清雅的花香，虽不张扬，但尽显高山气韵。

端起茶，融入山林，成为一花、一树、一雾、一露……

二、内敛的白茶

1. 随顺的茶——2007 年白毫银针

    茶品：2007 年白毫银针。

    产地：福建政和。

    特征：采摘标准为春茶嫩梢萌发单芽，制成成品茶，形状似针，白毫浓密，色白如银，存放之后银针色泽会有渐变的铁锈红色，这也是老白茶的判断标准之一。

    外形：芽肥饱满，手工甄选，色泽呈铁锈红，显毫。

香气：花蜜毫香。

滋味：汤感甜醇，细腻饱满，水中含香，入口即甜，味醇甘爽。

韵味：毫香蜜韵，韵味清幽，清淡之中陈香隐现。

冲泡：

沸水温器，取 5 克干茶，置于 150 毫升盖碗中。

第一水。用 95 度左右的沸水，选择覆盖式注水手法缓缓浸润干茶，目的是让每一根银针都浸在水中，均匀释放。存放得当的高级银针，润茶的水可直接饮用。单芽的银针内含物质释放较慢，因此坐杯时间需要相对长一些。白茶，是于淡中得味，泡茶的水温和时间拿捏得当，就会获得一杯淡而不薄、细腻甜滑的醇和茶汤。

第二水。采用定点高冲，让水流的力度帮助浸润后的芽茶有序地旋转，释放茶叶的毫香蜜韵，这一杯的汤感会让味蕾收获更多惊喜，茶汤的厚度有了明显提升，花香、蜜香、毫香交织在淡淡的鹅黄中，舒心熨帖。

三至五水。采用定点低斟，细流缓缓注满盖碗，表达茶汤那醇滑甜润且持续不降的清雅清爽。

冲泡后的银针不能随便弃掉，这时候可以找把有煮饮功能的玻璃壶，把冲泡过的银针再拨入选好的玻璃壶中，加水烧煮，滋味又多了几分醇厚。爱茶的人，很享受这个慢慢操作、慢慢等待的过程，很多的细节会入眼入心，让我们安静下来。

陈年的白毫银针清热解毒的功效屡试不爽。一次跟先生外出度假，难得放松，结果飞机一落地，先生就觉得喉咙疼痛，表现出发烧的迹象。到了酒店，我马上找出随身携带的这款 2007 年银针，煮水投茶，用保温杯直接闷泡，先生用申时茶的呼吸法来喝，连续喝了两保温杯的热茶，到大汗淋漓、神清气爽时，喉咙疼痛也消失无踪。先生高兴不已，说："我一定好好宣传这白茶，还有就是喝茶的方法，让更多的人多喝茶，少吃药……"
在之后的日子里，每每谈到相关的话题，他就会给朋友们讲自己喝茶的故事。

  白茶制作自然，人为干预少，不炒不揉，自然晒干，陈茶有药效之功，
冲泡方式可用简单便捷的闷泡；也可精心布席择器，有仪式感地操作；更
可以直接煮饮，供多人饮用……总之，白茶，自然的属性，随顺的茶，内
敛含蓄，不张不扬，陪伴在我们的生命里，是温暖妥帖的美好存在。

"定点高冲"泡茶手法

老银针的茶汤呈淡淡的粉色

2. 醉翁之意在茶——2008 年极品白牡丹

　　茶品：2008 年极品白牡丹。

　　产地：福建政和。

　　特征：白牡丹一芽一叶或一芽二叶抱嫩芽，芽叶连枝，叶张肥嫩，芽头短肥，叶背密布白毫，叶片短圆，当年新茶呈素色或艾草色，形似花朵，故称白牡丹。这款"醉翁"存放至今叶显褐色，白毫依在，有着香槟酒的气韵与果香。

　　香气：干茶有果香、花香、香槟酒的气息，馥郁且强烈，汤面的花香和陈香交织，非常有层次，汤里的香更是饱满浑圆，香入水，很深沉，又很清晰——花香、果香在上，蜜香、甜香在下，碗盖热时还有豆香，凉了之后花香再度扬起，杯底待热气散后，醉人的花香，悠悠远远，越发清凉，越发清润。

滋味：汤感饱满醇厚，滋味丰富，层次分明，花果香中带有丝丝的酵酸，刺激爽口，又不失甘润。

韵味：甘软清悠，口腔附着感明显，绵长持久。

冲泡：

取茶品5克置于150毫升盖碗中，用"覆盖式"手法润茶，让身骨轻飘的白牡丹能够均匀地浸润于水中，水量不宜过大，让茶叶全部浸润于水就好，然后迅速把润茶的水弃掉。

第一水。可以两种手法都试试，方法决定结果，不同的泡茶手法会呈现不一样的茶汤。一是定点七点三十分（注：将盖碗碗口视作表盘，在7和6之间的区域注水），45度角旋冲，使老白茶的内质直接释放，茶香扬起，陈韵明显；二是定点低斟，细流慢冲，使茶汤细腻饱满，茶香深沉入水，温润醇和。我选择的是旋冲，茶汤入口，令人在陶醉于干茶的香气之后，再一次臣服于这杯看似清淡的茶汤里。汤色比香槟色重了些许，晶莹剔透，嗅着汤面香的浓郁，味蕾已经雀跃地打开了识别系统，茶汤入口、入喉、入心……茶汤触碰到的细胞都被激活了，信息立即输入大脑中枢，味蕾给出的判断是——淡而有味，轻而重实，少而富足，敛而不缺。

第二水。此时的茶叶完全舒展，再次定点旋冲注水，让茶叶内质尽情释放。这一杯更惊艳，汤面香气复合且馥郁，茶汤入口更加细腻饱满，内质稠滑且凝聚，花果香入水，甘香甜醇，咽下茶汤之后，口腔的覆膜留存感非常明确，充分体现了茶叶的等级，绝对是上上品。

第三水。粗水流定点高冲在杯壁上，延长坐杯时间在5～8秒之间，出汤时缓缓倒入匀杯。此时汤面出现老白茶

150 毫升的盖碗，冲泡 5 克茶叶，供五人饮用

隐隐的陈香，汤感依然饱满细腻，口腔有着开阔且晴朗的感觉，非常奇妙，让人越醉越深……细细品，慢慢寻，喝到这样的一杯老白茶，用"满足"一词是不足以形容品茶感受的，"迷恋"或许更能表达此时爱茶之人的幸福。

第四至八水。定点低斟与高冲的注水手法变换使用，香气、汤感、韵致始终不减，尤其是汤感，这种醇厚饱满的感觉，让我有些恍惚，好像又回到了二、三水……

茶喝到此时，一股暖流妥帖地流注身体和思想里，只觉得在繁杂的世界中能够淡然处之，在漫漫的茶修路上能够毅然坚持，都要归功于信仰的力量——茶，不是宗教，但却是我一生的信仰！

每一款茶，都有着一段不可复制的故事。因为爱茶、寻茶、制茶，我结识了很多有魅力的茶人，杨丰老师就是其中的一位。

　　2015年的12月份，我到福建政和县杨丰老师的宝地拜访。杨丰老师儒雅谦逊且热情开朗，他对政和这片土地的热爱，对这片土地生长的每一片茶叶的迷恋，让他完成了从专业到情怀、从眼下到长远、从片段到系统的全面贯通。

　　他打开仓库，一边介绍一边让我们自己选择中意的茶品，之后再取茶样到审评室审评。12月的天气寒气入骨不散，在楼里待得久一些就会觉得很冷。快到中午时分，我让团队的小伙子们继续选茶，我抓紧时间到院子里晒太阳。有阳光的地方就很舒服，结果没晒多久，就听着背后有人喊："老师，快来，发现一款特别的茶……"我迅速跑到了审评室，看到工作台上有个小木箱，是刚刚开封的，箱子上标注的重量是0.75千克，头一次见到这种重量的包装。杨丰老师非常惊喜地说："王老师，您先闻闻看……"

　　小木箱的内袋是锡箔袋密封，打开袋子的一瞬间，醇正的香槟酒的果香和气息扑面而来，且裹挟着爽锐的醉酸，有一点点张扬，我立刻迷恋上了这款茶。看眼前的干茶就能知道当年的茶青原料定是优良的，经过七八年的转化，成就如此美妙的气质，也是理所应当。只是这样的香气不可多得，真是不可思议。遇见好茶，开心至极，索性占为己有，取名"醉翁"。

　　对于一个爱茶的人，寻到中意之茶，视觉、嗅觉、味觉、心觉全部都灵动起来，三杯入心，必是醺醺然，即便是清雅静好的女子，也变成"醉翁"的模样。欧阳修在《醉翁亭记》中写道："醉翁之意不在酒，在乎山水之间也。"我想，茶人的醉意应该是茶里茶外的无味至味吧！

　　老白茶，一年为茶，三年为药，七年为宝，而我们又要经历多少个一年、三年和七年，才能够将我们自己修炼成一座宝藏呢？这个答案无须多问，我知道并坚信，带着笃定的愿力在茶修的路上，以日行一茶的成长尺度，来丈量过往的意义，终有一天我们能够成就岁月滋味，涵养生命能量。

杨丰老师 "独品得幽"

杨丰老师在做茶

三、多情的花茶

1. 深情的茉莉花茶——茉莉大白毫

茶品：茉莉大白毫。

产地：福建省宁德。

特征：花茶窨制过程主要是鲜花吐香和茶坯吸香的过程。吐香是茉莉花在酶、温度、水分、氧气等作用下，分解出芳香物质，不断吐出香气。茶坯吸香则是在吸附作用下完成。

外形：芽头壮实挺秀，毫峰显露。

香气：芬芳浓郁，鲜灵纯正，毫香蜜韵持久。

滋味：鲜锐爽口，芬芳入汤。

韵味：花香与茶味完美地融合于一杯茶中，轻嗅倾心，浅尝悦神，能减压放松，疗愈身心。

冲泡：

北方的冬天，万物敛藏，世界变得单调寂寥。我们总是很愿意用一些心思来调剂现有的生活。

一个飘雪的上午，心情随雪花轻盈起来，这就是北方人的福利。于是，召唤先生和女儿一起喝茶。

布上灰绿色的茶席，准备了一只110毫升的手绘粉彩梅花小盖碗，三只白瓷金边小杯。取去年的茉莉花茶3克，沸水落滚后用定点注水的方式醒茶，快进快出，之后第一水给力旋冲注水，瞬时花香裹着茶气弥散开来，占据了我的感官，也引发了不敢轻易触碰的深远回忆……

110毫升手绘粉彩梅花小盖碗，取3克茶叶，供三人饮用

茉莉花茶，是北方人生活里的一道春阳。于我，更是饱含着与父亲有关的思念味道。小时候，我每每闻到爸爸搪瓷缸里飘出茉莉花香，总会打心里生出莫名的欢欣热情。

爸爸常常在晚饭后，点上一支烟，就开始泡茶。他从马口铁的茶叶罐子里，用拇指、食指和中指捏着茶叶麻利地扔到搪瓷缸子里，再拿起暖瓶，打开软木塞子，流畅地把水倒进搪瓷缸子里，软木塞子盖回暖瓶的那一刻，茶就泡好了。爸爸端起缸子，朝着水面吹两下，有滋有味地吸溜着，喝了几口还要长出一口气，之后很踏实地把茶缸稳稳放下。

这个时候的我，总想学着爸爸的样子喝上两口，偶尔把小嘴儿凑上前去，抿一口，苦得一激灵，心里满是疑问："爸爸喝的这是什么呀，他怎么会喝得那么得意？"不过，每次看到爸爸享受着香苦香苦的茶水时，我还是忍不住想再去尝试；试来试去，不知道是从哪一口开始，苦涩变淡了，花香变浓了，也越来越惦记爸爸的这杯茶了……我常常在想，许是从爸爸搪瓷缸里那一缕浓郁的香气开始，一颗叫作"茶"的种子就已经在我心里种下了。而茉莉花茶，也因为这份温情的记忆和"她"独有的花味茶韵，成了我生命里最有温度的一种存在。

在茉莉花茶的香韵中，思念淡去了悲伤，留下的是父爱的温度和孩提时代最生动、最有趣味的关于父亲的记忆。这将是我生命里永恒的味道。

外面的雪还在下，女儿知道我的心思，端起茶杯说："爸、妈，这杯茶，我们一起敬给我没有见过面的姥爷吧……"

2. 记忆深处的一抹金黄——晓起皇菊

茶品：晓起皇菊。

产地：江西婺源。

特征：晓起皇菊自然生态优良，花朵色泽纯正艳丽，朵大呈 3 ~ 6 厘米，具有清肝明目、清热解毒的保健功效。

外形：色泽金黄，花朵饱满艳丽。

香气：芬芳浓郁，鲜灵纯正。

滋味：鲜甜清爽。

韵味：于一杯水中，如花朵绽放的绚丽，神韵香韵兼备。

冲泡：

水沸润器，取皇菊 1 朵，置于 150 ~ 200 毫升的玻璃杯中，采用定点缓冲的手法，让水流注向杯壁，水量注到器皿的五分之一，让少许的水起到润茶的作用，待热气托起菊花，徐徐展开，一抹金黄温柔地占满视野。

稍等片刻，待花瓣完全舒展，再用沸水细流慢冲，沿杯壁注水至七分满，馥郁的香气弥散开来，这香就是一种幸福的味道。菊花浸泡 20 秒左右，也可以让这浸泡的时间更长一些。因为对于爱茶的人，此刻已不仅仅是等待，而是身心幸福地与菊花一起开放，与金黄一起绚烂。

我钟爱皇菊，因为它跟一个人有关。这个人就是赋予晓起皇菊时代意义和价值的陈文华教授。2004 年，中国农业考古及著名茶文化专家、年届古稀的陈文华教授，偶然在文献中发现，曾经的宫廷贡菊出自江西省婺源县晓起村。于是，他来到婺源晓起，发现了这座有着三百多年历史且保持原貌的古村落，在深入调查这里的种植环境后，决定带领村民走出一条致富的路，从而更好地保护原生态的村落。陈教授带领团队呕心沥血搞研发，利用当地独特的自然环境，终于培育出了"晓起皇菊"这一优良品种，不仅造福晓起百姓，也让更多的人因此受益。为了研发培育"晓起皇菊"，

冲泡后的皇菊

可敬的"傻教授"——陈文华先生

陈教授出力又出钱，不计回报地全情倾注，被晓起村民们深情地称为"傻教授"。

我与陈教授相识于二十世纪九十年代末，因他创办的《农业考古》杂志而结缘。当时，我们的和静园刚刚开始在东北这个不产茶的地方经营茶馆及推广茶文化，这本杂志给我们提供了非常宝贵的帮助。尤其是《农业考古》对我的报道，以及刊发我写的散文，更为我们在东北发展茶文化提供了助力。之后的十多年，我曾在多次茶文化活动中与陈文华教授同行。陈教授是我们非常尊敬的前辈，他博学儒雅，扶持后辈，一直是中国当代茶文化复兴的引领者。无论是创办《农业考古》、协助南昌女子职业学校创办全国首个茶艺专业，还是后来研发培育晓起皇菊……他做的每一件事情都掷地有声，让世人看到一位学者、一位文人、一位茶人的价值观及精神高度！

因为"皇菊"，人们记住了"傻教授"；因为"傻教授"，世界知道了晓起！

四、含蓄的黄茶

兄弟的茶——蒙顶黄芽

茶品：蒙顶黄芽。

产地：四川蒙顶山。

特征：蒙顶黄芽采自明前芽头，采用黄茶传统炒焖结合的工艺，嫩芽杀青，草纸包裹置灶边保温变黄，让茶青在湿热的环境下自然氧化使其口感鲜醇甘爽。

外形：芽头肥壮扁直、嫩黄油润。

香气：清悦的闷香，花香蜜香。

滋味：甘甜醇爽。

韵味：入口清冽，清爽苦韵中甜润回味绵长，宛如汩汩的清泉甘冽，杯底香若松风拂来，花香徐徐，引人入胜。

冲泡：

取 4 克干茶，闻香。干茶的香不如当年新茶时那样馥郁，外扬，但很内敛，隐隐的都在。沸水温器，将干茶置于 150 毫升盖碗中，用 90 度左右的水温定点高冲，中度水流，充分浸润茶叶。

一水。采用定点高冲注水手法，茶芽随着水流有序翻滚，释放内敛清悦的黄茶所特有的闷香和花蜜香，体现茶汤的清冽爽口、清甜甘润，冲泡后的茶汤一点儿也不比当年的春茶逊色，反而经过一年的存放，甘甜的口感更加重实。

王挺兄的茶生活

二至四水。采用粗水流定点低位旋冲，茶汤的丰富内质有层次地展现，细腻甜醇之中，有丝丝微苦，苦得恰到好处，苦后即转满口生津，如汩汩清泉溢满。

五至六水。选用沸水细水流定点高冲，茶汤细腻清晰，舌尖为清甜甘润，细嗅杯盖和杯底，氤氲的香，若松风拂来，此一刻，仿佛就置身于蒙顶山上的云雾之中，已然忘记尚有凡尘……

每次喝到王挺兄寄来的蒙顶黄芽，都有非常亲切的感觉。挺兄待人接物的修养就像自家的兄弟，妥帖温暖。我和挺兄是本家，总会有缘喝到这款黄芽，也因为这款黄芽与挺兄更加亲近。

第一次喝到这款茶是在2014年，那时"中华茶馆联盟"的活动和相聚还是很密集的，一年会见上几次，茶友相聚，自然少不了好茶分享。第二次喝到这款茶是在2016年，我去成都参加茶文化活动，找了空余时间去挺兄的"福窝"拜访，挺兄就用他的这款私房茶款待了我。

那是5月的一个炎热上午，见面寒暄之后，于茶室落座，茶师开始专注地冲泡这款黄芽，挺兄则在一旁认真地讲解，如数家珍。茶汤一入口，清鲜甜润，饱满馥郁，冲过六水的汤里，滋味依然清晰。这款黄芽再一次给我留下深刻的印象。临别时，挺兄又赠一包，我心生欢喜，很是珍惜，一是缘于极品黄芽产量很少，珍贵；二是回去上课，可以有好茶跟学员们分享了……

2017年春天又如期收到了挺兄寄来的黄芽，与讲师及学员们分享，大家对黄茶也有了明晰的学习收获。2018年撰写《茶修》一书，写到这一章，就一定要写写这款蒙顶黄芽，于是直接发微信跟挺兄讨要，期待再次与这杯金黄唇齿相接，身心受纳，再次感知黄芽温润的气韵及挺兄对这款茶的那份投入。

出差近十天，回到公司就见到了黄芽，于是迫不及待地要用心喝上一杯。挺兄告诉我，寄来的黄芽还是去年的那款杨天炯老师的早春手工芽茶（老川茶种）。原因有二，一是因为今年的特殊原因没有做黄茶；二是因为和今年市面上的黄茶比试过，还是去年的这款更好。于是我又有了一份期待，想试试黄茶存放一年以后的状态会怎样。

蒙顶山因"雨雾蒙沫"而得名，常被形象地称为"天漏之地"，非常适宜茶树的生长，所出产的蒙顶石花、蒙顶甘露、蒙顶黄芽都颇受茶人好评。近年来，要喝到正宗的黄茶绝非易事，比如今天冲泡品鉴的蒙顶黄芽，是由蒙顶黄芽的标准制定人杨天炯杨老以及"福窝"窝主王挺先生共同监制而成的。蒙顶黄芽在茶史上记载，多为诗词描绘，抒情达意，虽赞赏有加但少有具体制作的描述，且无权威标准参照。1964年，杨老把做黄茶最有经验的人集中在一起，三四个为一组，专门制作黄芽。从选叶开始，详细记录做茶过程的每一个数据。茶叶做出来后，请评茶员逐一品尝，保留参数最好的一组数据。如此反复上千次，才做出蒙顶黄芽国家标准。至此，蒙顶黄芽第一次有了精确文字记录，并选入国家茶叶标准。（目前，各大院校茶学专业所讲蒙顶黄芽的标准，以及陈宗懋院士所著《中国茶经》中所述的黄芽标准，皆出于此。）

　　今天冲泡的这款黄芽，严格按照国标，采摘选用早春明前蒙顶高山的"一枪一旗"初展的饱满芽头，要求芽叶细嫩，叶质柔软，叶底鲜润，并严格按照传统制作工艺制作完成。黄芽传统制作工艺非常复杂，要经过鲜叶摊放—杀青—摊凉—炒二青—包黄—炒三青—堆黄—四炒—干燥提毫—烘干—整理—烘焙提香等多道工序。

　　黄茶的核心工艺用传统的纸包黄，三焖四炒，精心制作方出深山。

　　喝到这款茶，就会想到挺兄，温暖、真诚，为人亲善、做事踏实，就如同自家兄弟！

茶蔬 124

旋冲之后，舒展的黄芽有序排列，均匀释放

五、温暖的红茶

幸福没有终了——2016 年正山小种

茶品：2016 年正山小种。

产地：武夷山桐木关江墩村。

特征：红茶鼻祖，传统的"青楼"萎凋、干燥，使得此茶有着淡淡的松烟香，个性特质极其明显。"松烟香""桂圆汤"就是正山小种的代名词，且汤色红艳明亮，叶底古铜色柔软油润。

外形：条索紧结乌黑。

香气：松烟香，果香，蜜香，竹香。

滋味：花果蜜香，桂圆汤。

韵味：饱满甜醇的汤感，毫无保留地传达茶之本味，带我们领略桐木关竹木林立的清幽。

冲泡：

沸水温器，取4克干茶（4克茶叶打底，四人以上多一人加1克，之后再按茶水比例调换茶器），置于130毫升盖碗中。

冲泡条索形红茶应用沸水，用粗水流大力度注水，定点旋冲，快速润茶，快速出汤弃水。

一、二水。用高度旋冲注水的手法，激发茶香，均匀释放茶叶的内质，得到具有桂圆果香的茶汤，温暖且熨帖，而且松香清晰萦绕。

三、四水。用低角度旋冲注水，茶汤有层次感且饱满凝聚，汤里物质极其丰富。

五、六水。用低斟注水，汤水宽阔厚重，散发山林间的气息，清新且清幽。

用心专注地冲泡，只有4克的小种居然可以泡十二水。后面的茶汤，内质虽减弱，但用淡而不薄来形容真是恰到好处，虽是尾水，却依然甘冽清甜，给予每个人身心的温暖及关照，无法言表。这款小种我们就这样一水一水、清清楚楚地喝着，幸福感油然而生，让爱茶的我们愿意相信幸福既然已经开始，是可以没有终了的。幸福就是淡淡地给，轻轻地留，静静地存在，深深地感受……

130毫升盖碗取干茶 4 克，供四人饮用

　　"正山小种"一词在欧洲最早称 WUYI BOHEA，其中 WUYI 是武夷的谐音，在欧洲，特别是在英国，它是中国茶的符号。当时因贸易繁荣，十六世纪末十七世纪初，正山小种被远传海外，由荷兰商人带入欧洲，随即风靡英国皇室乃至整个欧洲，并掀起流传至今的"英式下午茶"的风尚。自此正山小种用独有的口感征服了欧洲人的味蕾，也因此有了"当下午的钟声敲响第四声后，世上的一切瞬间为茶而停止"的下午茶文化。

　　正山小种繁荣于十七世纪，当时有刊登广告，绿茶（GREEN TEA）每磅售 16 先令，红茶（BLACK TEA）每磅售 30 先令。可见正山小种在世界爱茶人心中的位置。在这样的历史背景下，中国茶叶成为欧洲人不可或缺的身体和精神的依赖，是餐桌上、下午茶时光的必备首选。为区别于冒牌的小种红茶，人们把武夷山桐木关及与桐木关周边相同海拔、地域、工艺，独具松烟香、桂圆汤的红茶统称"正山小种"。正山小种的地理标志极其明确，故"正山小种"又称"桐木关小种"。

　　因为深爱正山小种，于是我们有机缘在桐木关签约了茶园，为的是要保证每一片叶子的原产地属性，可以真正做到正本清源。

　　我喜欢喝存放两年以上的正山小种，传统工艺的小种存放后，松烟香、桂圆汤达到了最曼妙的平衡和稳定，无论是盖碗泡，还是大壶冲，都会给你最忠厚的茶汤呈现；对泡茶技术的要求也都不高，只要用心喝，每一水都会让你惊艳。如果可以用"能量在心·技艺在手"的功夫来表达这款小种，绝对可以让对坐饮茶的人一同感受"幸福没有终了"的品茶境界。

我用这款正山小种，改变了好多人对红茶的认知，温暖而朴素，愉悦且灵动。因为这个曼妙的品茶过程，体验过的朋友跟我一样，从此就爱上了正山小种。

正山小种松烟香桂圆汤，汤色红艳明亮

六、深邃的黑茶

1. 古朴天然——九十年代老千两

茶品：九十年代老千两。

产地：湖南安化。

特征：黑茶的代表，选用安化优质散毛茶为原料，人工紧压成柱状。柱高1.60米左右，直径0.2米左右，净重约36.25千克。更多的传统千两茶是没有金花的，少量的千两茶才会有金花，是茯砖独特的发花工艺在千两茶中试验成功后的成果。我们今天冲泡的是金花千两茶。金花学名为冠突散囊菌，这种益生菌呈现出的朵朵"金花"，不仅使茶汤有菌花香，更提升了消食理气、降脂减肥的保健功效。

外形：茶胎紧实层次分明，色泽黑褐油润，切面平整均匀，内里金花显现。

香气：清润的菌花香。

滋味：陈化近二十年的千两茶，粗涩渐退，醇和甘润，一入口会很温柔地轻碰味蕾，再柔顺地滑过喉咙，令唇齿间弥漫醇香，清澈悠远。

韵味：古朴天然的千两茶，想要表达细腻丝滑的一面，就得细流低斟，亦能得到凝聚且有层次的温顺口感；想要表达阳刚旷远的内质，就得注水给力，方可呈现劲道且有张力的个性茶汤。

冲泡：

沸水温器，取 12 克干茶，置于 180 毫升的紫砂壶中，润茶时压块定点注水，让茶叶解块舒展。

一至四水。均采用定点低斟，细流注水，求得茶汤细腻，让菌花香和茶香陈韵协调统一。

紫砂壶冲泡千两茶，汤感细腻凝聚，菌花香与陈韵协调统一

五至八水。于紫砂壶空位定点高冲，让松展的茶叶充分释放内质，呈现茶汤的醇和宽广，重实饱满。

　　二十余春秋的老千两，即便泡了八至十水也是不能轻易放弃的，一定要再换把煮茶的壶，继续煮饮。煮饮黑茶我喜欢用陶壶或银壶，可提升茶汤的饱满度，亦可呈现汤感的鲜活。

　　若逢深秋，天气渐寒，可燃起一炉橄榄炭，取 10 克左右的茶量润茶后，放到 600 ~ 700 毫升的陶壶中，加入三分之二的凉水，直接煮饮，待水三沸，打开壶盖加入少许的凉水，再烧开时就可以分汤入杯了。加入凉水一是令其汤滑，二是避免过度沸腾有茶汤溢出。之后可再加适量水继续烹煮，视其对口味的浓淡要求，拿捏煮茶的时间。直接在活火上煮得的茶汤，醇滑厚重，汤感滑顺，滋味饱满，喝一口，很满足。

　　初见千两茶都会被它独特的外形打动，品饮过后又会被它粗犷外形之下温柔细腻的内质吸引。因为中国历代衡制演变，不同时期的计算方式会有所区别。千两茶包装形式风格独一，蓼叶与棕皮缝合可防水防潮，最令人惊叹的是必须用人工合力杠压紧形，再经"日晒夜露"的天地滋养，才完成了人与茶、人与自然纯然合一的制茶人初衷。在茶马古道上，古老的马帮铃声依然在回响，赶马人的汗水依然在阳光下折射出不可磨灭的光芒。茶马古道上行走的不仅仅是运茶的马帮，古道上每一个足迹都是中华茶文化的历史印证。

　　这款老千两是栗宪庭和廖文两位老师送的。两位都是我特别尊敬的师长。我先生李冰决定在宋庄建造美术馆就是因为栗老师的一句话——他希望我先生把当代艺术的收藏在宋庄落地。因为这样的信任与尊重，我们在宋庄建成了第一家当代美术馆，举家由沈阳迁至北京定居。与两位老师相识多年，亦师亦友，每次小坐深聊，都收获颇丰。

　　有一位画廊主人得知两位老师喜欢喝茶，便把自己收藏多年的老千两送了过来。因为我和先生经常去老师家中喝茶聊天，已养成了分享彼此手中好茶的习惯。这款千两茶刚送到栗老师家中，廖姐（这是我们对廖文老师的昵称）就让助理锯下一截送给我。我心生欢喜，品过之后更是高兴。这是一款难得的好茶，从原料到转化，从菌香到花香，从口感到气韵……

都可圈可点。之后，便与两位老师分享了这款千两喝过后的体感，廖姐记在了心里。有一天，廖姐打电话给我说："王琼，我记得你很喜欢那款千两茶，我找出来了，你派人来把它取走吧，好茶还是送到你那里比较妥当……"我推辞再三，廖姐还是坚持说："你取走吧，给我锯一块就好，我没法儿弄……"我推辞不过，只好答应。

我们与两位老师的红砖房子只有一湖之隔，这个人工湖，栗老师取名为"南雾塘"，浪漫深邃自不必说。我想着想着，眼前就会出现一幅画面：隆冬时节的一个午后，南雾塘的湖面飘着清雪，我煮了一壶老千两，与两位老师约茶、赏画，谈着并不如烟的往事……这画面也许今冬初雪到来时就会实现，也可能要等到若干年后的某个晴雪天方能如愿。

一款好茶的分享，是老朋友的一份挂念，是放在心里的一份在意！

2. 好喝不贵的口粮茶——2014年熟普洱茶

　　茶品：2014年熟普洱茶。

　　产地：云南普洱。

　　特征：这是一款好喝不贵的"口粮茶"，有着非常稳定的出品品质，是人人喝得起的普洱熟茶。这款"和茶"发酵工艺精湛，当年制茶时，选择了陈放两三年的原料与新料拼配而成，因此刚制作好的成品普洱茶饼口感就非常醇和清爽，没有浓重的渥堆味道。存放近四年后，汤色红浓明亮，滋味甜滑醇厚，甘甜清透，让很多人误认为这是一款十年以上的熟普洱。

　　外形：357克的茶饼，金毫撒面，饼形圆满，松紧得当。

香气：熟香中透着一丝丝清香，这也是此款"和茶"的特别之处。

滋味：醇和饱满，滋味纯正，尾水甜润。

韵味：普洱熟茶虽说不太强调韵味，但这款"和茶"喝过之后，口腔喉部甘润清爽，回甜明显，令人愉悦。

冲泡：

平时饮用取茶量不宜太多，茶水比例1：25到1：30就好，如果吃得比较油腻，想更好地消食降脂，可以选择茶水比例1：15到1：20。

取茶。块形茶和散碎茶2：1配比，150毫升紫砂壶，7克茶叶。

润茶。紫砂壶烫热后，趁着热气把茶叶投入壶中，细碎的靠近壶柄处，成块的放在壶嘴处，以保证出汤流畅。采用定点低斟的方式，压块细流注水，稍停留1～2秒钟，弃掉润茶的水，把壶盖打开，彻底醒茶、透气，避免茶汤燥浊，为一水茶汤的滑、厚、醇、活做好准备。

一水。空位、定点、细流、吊水，运用这样的注水手法，会使熟普洱的茶汤细腻醇化，汤感十足。

二水。继续一水的注水手法，越发气定神安，心手合一，坐杯时间不宜过久。二水是茶叶内质释放最快、最多的时候，不要超过第一水的坐杯时间，因为有了更精到心法注入泡茶全过程，二水的茶汤比一水更胜一筹，汤感压舌，饱满之中带着张力，喉咙丝滑甜顺。

三至五水。醇滑饱满依然不减，但甜度越发明朗，汤色越发明亮，从酒红递减成琥珀红，明亮醉人。

尾水。汤感减薄，但不寡淡，甘甜度有增无减，若是喝茶初入门者，反而会更喜欢此时的口感。

紫砂壶冲泡普洱熟茶，汤感醇和厚重，汤色红浓明亮

　　我用这一款"口粮茶"熟普，矫正了很多人对熟普洱茶的偏见，并让他们重新认识熟普、爱上熟普。因为渥堆发酵的特殊工艺，熟普洱含对心脑血管有保健功效的他汀类物质，因此一款好喝的、有标准的熟普洱可以让中老年人日常放心地饮用。

　　这款熟普洱名为"和茶"，既是对和静园文化意蕴的承载，也是对这款茶平和属性的最好解读。

七、旷达的普洱茶

1. 和静通圆——2013 年易武古树生茶

茶品：2013 年易武古树生茶。

产地：云南易武茶区。

特征：易武茶区的古树原料拼配，茶气充盈，茶汤饱满平衡，是可以代表"和静"文化的一款茶——得和，得静，得坦途。

外形：400 克茶饼，饼形圆润，条索肥厚，白毫多显，松紧适当。

香气：花香高雅，细腻馥郁。

滋味：茶汤饱满宽厚，汤面香清扬优雅，水含香重实细腻，香滑甜软，不失骨架。

韵味：回甘快捷，静谧之中尽显旷达气韵，韵味悠远且持久。

冲泡：

选用160毫升盖碗，取8克茶叶，块形和散茶均匀取用。水沸静等片刻，用覆盖式注水手法润茶，让每片叶子都被浸润到，以保证茶叶内质均匀释放。此时山野气息随着水与茶的融合，扑面而来，这一缕升腾的初香足以让泡茶的人陶醉不已。因此，泡茶的人常常会觉得自己是世界上最幸福的人，每每这个时刻都很满足。

第一水。这款茶是纯正的古树原料，内质丰富，很想表达重实的汤感，水含香的质感。于是采用六点钟位置定点低斟的注水手法（注：将泡茶盖碗碗口视作表盘，在表盘数字6的位置注水），让细缓的水流温柔地把块形茶打开，坐杯时间10秒左右，让茶叶内质释放有层次感，从而构成茶汤的骨架，让茶汤立体饱满，汤面香优雅，喉韵花香悠远。

第二水。继续用定点低斟的手法注水，坐杯时间不宜超过第一水的坐杯时间，以免呈现过度苦涩，二水让花香凝聚，汤感更加细腻重实。

第三水。此时块形茶叶基本打开舒展，采用定点给力低冲的手法注水，让茶叶均匀地释放，呈现豁达的山野气息。茶汤饱满，富有张力，一口茶汤咽下，身体的气脉有被打开的直觉，尽显通泰，喉韵有明显存留感。

第四至七水。这四水可以变换用低斟或高冲，因为茶叶内质丰富且稳定，还有五年的转化，可以尝试不同的手法给茶汤带来的微妙变化。不论茶香清扬，还是茶汤醇厚，这款茶所表现出来的始终是茶汤的稳定、茶气的明确、韵味的持久。

第八水以后。此时选用定点高冲的注水手法再度激发茶叶内质，使茶汤淡而不薄，清甜甘润，喉韵依在。上好的古树茶非常耐泡，加以泡茶人的用心，泡十五水以上，仍是意犹未尽，让人欲罢不能。

一杯茶中获得静好，构建了通向和谐圆满的路径，在沏沏倒倒的过程中得和得静。一款好茶，足以承载制茶人、泡茶人和品茶人的美好情怀，从一杯美好的茶里出发，踏上生命坦途。

"和静通圆"茶气高扬厚重，茶汤醇厚饱满

易武古树生茶叶底

这款"和静通圆"易武古树茶，是 2013 年邀请制茶人、"韵海之巅"品牌创始人陈剑老师制作的。一款有寓意的茶，一定要请有情怀的人来完成。陈剑老师在茶山制茶十余年，带着自己对彩云之南的赤诚，用脚步丈量了一座又一座茶山，用热爱成就了一款又一款值得收藏的好茶，用生命体验撰写了一个又一个与茶有关的故事。他豪放中不失细腻，严肃中不失幽默，他的理想朴素而有力量——就是要做一饼好喝的茶！

　　时间过得好快，一转眼五年过去了，这饼"和静通圆"正处在活跃的转化期，希望在冲泡的过程中渐入佳境，真正看茶泡茶，让每一水的色香味韵决定下一水的冲泡方法。

陈剑老师在制茶

2. 中正之茶——八十年代 7542

茶品：八十年代 7542。

产地：云南勐海。

特征：2005 年由香港回到昆明，之前在香港存放，应该是港仓中的上品。近十三年在昆明存放的过程中，转化稳定，干爽清透，茶气十足。

香气：陈香，木质香、花香、熟果香。

滋味：汤感饱满，苦涩有度，骨架立体，茶气劲道，甘甜稠滑。

韵味：喉韵持久，兰香清晰。

冲泡：

于茶饼的面、心、底三层均匀取茶 15 克，200 毫升紫

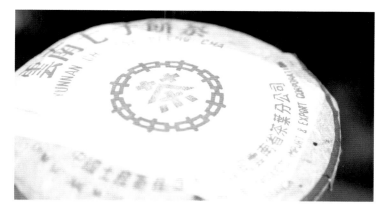

八十年代 7542

紫砂壶冲泡普洱老茶

砂壶，学堂讲师共修，在座共九人。先用沸水壶里壶外温烫透彻，趁热投茶，先放细碎的于壶柄处，再把成块的压在上面，且靠近壶口处，这样投茶可避免细碎的茶叶堵住出水口。

　　茶叶入壶，就把壶盖盖好，静静等待壶里的热气慢慢唤醒这款沉睡了三十多年的 7542。稍等片刻再用沸水淋浇壶身三周，让壶身再度提升温度，继续醒茶。待壶身干了之后，把壶盖打开，让刚刚醒来的干茶痛快地呼吸，以便释放最美的茶汤。

润茶。用 90 度左右的水温定点低斟，温柔且彻底地让茶叶醒来，开始神清气爽地释放三十多年的沉淀。因为有块形茶，润茶坐杯 1 ～ 2 秒，润茶的汤出在了公杯里，琥珀色，干净明亮，没有直接弃掉，而是每人一小口。如果想探究茶饼存储的状况，完全可以喝一杯润茶的茶汤，是清纯气正，还是浊混杂燥，一入口就了了分明。

第一水。沸水，中等力度，于壶中空位注水，打去泡沫，盖上盖子，再淋壶两周，出汤。茶汤入口饱满重实，气韵浑厚，口腔和喉咙的觉知瞬间被打开，有宽阔感。

第二水。沸水，给力高冲，坐杯 5 秒左右出汤，此时汤色红艳明亮，茶气立体，汤感愈加饱满，滋味层次分明，且不失甜润度，喉韵驻留明确，杯底花香持久不散，清扬清凉。

八十年代 7542 叶底柔软鲜活

前五水，7542 的本质表达得淋漓尽致。

第六至十水。高冲给力和定点低斟的注水手法可调换使用，既能激发茶叶内质均匀释放，又不让茶汤有燥浊之感。结果有了另一番况味——甘润甜醇成了主线，但依然不失骨架，柔中带骨，甘软之中不失力道。

十水以后。再度定点低斟，吊出一口细腻甘润的茶汤，非常清爽清透，宛如雨后山林，给人们以无限美好的遐想。

7542 的老茶喝过多次，但第一次喝同一批次的这款 7542，是在昆明"紫云青鸟"李俊杰先生办公室里的茶室，当时就给我留下了深刻的印象。

2018 年的 4 月份，我应"中吉号茶业"董事长杨世华之邀，到易武茶区的麻黑寨参加"中吉号"十年庆典，在昆明机场结识了共同前往麻黑寨参加活动的俊杰先生。刚下飞机我们一行五人在机场的咖啡厅稍事休息，准备飞版纳。当时俊杰先生准备了九十年代老千两，几杯入喉，长途飞行的燥浊就已被安顿。我们聊得很投机，于是约好参加完活动后，到昆明俊杰先生那里好好喝茶。

李俊杰先生在行茶

从茶山下来，到了昆明已是中午，饭后来到了俊杰先生的办公室，喝茶的区域很工整，很有秩序感，茶室风格如同主人的气象，沉着开阔。此时俊杰先生的夫人和姐姐已经在房间等候。夫人尹筵云高挑漂亮，优雅知性，也是非常专业的爱茶人，听俊杰先生介绍，他爱茶是由夫人领进门的，难怪呢，两个人如此默契同感，谈的话题大多与茶有关，与对茶的感悟有关。中国人的生活里，因为这杯茶，人与人的关系会多了一条通道，让我们所有的情感都有了来去的路径和自在，想着想着，内心里便涌出真切的感动。

　　我们交流片刻，俊杰先生准备泡茶，他用的是陶壶煮水，以保证泡茶用水的温度。我们喝的第一款茶是8582，作为开场，之后喝了这款7542。俊杰先生泡茶大气不失细腻，劲道不失层次，张力不失协调。茶汤入口，茶气十足，立体清扬，厚重深沉，凝聚饱满，口感的脉络非常中正清晰。

　　听俊杰先生讲着，看他泡着，感受着他非常投入的感受，不知不觉间，一个申时就在茶的渐浓渐淡中留在了记忆深处，同时也让这款7542老茶又多了几位知音，添了些许的人情味。

八、芬芳的乌龙茶

1. 铁观音的回忆——正味铁观音

茶品：正味铁观音。

产地：安溪感德。

特征：铁观音既是茶的名称，又是茶树品种的名称。铁观音是闽南青茶的代表，干茶紧实，骨重如铁，开汤后香气清雅，兰花香馥郁，茶汤滋味鲜爽醉人，醇正回甘，因具有独特的"观音韵"而闻名。

外形：砂绿色，卷曲重实，青腹绿蒂蜻蜓头。

香气：馥郁的兰花香，杯底奶油香。

滋味：清甜细腻饱满，回甘快捷，留存感持久。

韵味：馥郁的花香、奶油香华丽登场，芬芳弥散，香气萦绕，顿生愉悦；甘爽之味，回甘明显，淡中寻味，慢慢浸润心田。

冲泡：

这款铁观音是丽清2017年送我的，一直冷藏在冰箱中，现在看看口感如何。从冰箱取出茶叶，盛取7克，放到茶罐里醒一醒；半小时后，茶叶原本冷静拘谨的状态变得活跃起来，从泡茶前呼之欲出的干香就可见一斑。选用150毫升盖碗冲泡，供四至六人饮用。

润茶。于盖碗碗口的六点钟位置定点高冲润茶，让球形的铁观音上下翻滚，碗盖盖上，稍停留，让茶叶充分舒展，为第一水茶汤做充分准备。

一至五水。定点高冲，冲泡手法果断给力，使茶叶充分且均匀释放内质，切记不要沸水直接浇在茶叶上，应选择空位注水，避免鲜香的铁观音局部释放过多，造成茶汤不协调，有苦涩感。空位注水且力度稳定，茶汤会表现得香气高扬馥郁，且汤感饱满有穿透力。茶汤过喉，观音韵驻留持久，回味不尽，令人心生愉悦，感恩之心油然而生。

正味传统铁观音，耐泡度好，七泡之后仍有余香。喝到一杯纯正的铁观音，无论是浓郁的香，还是清雅的香，都会让我们从视觉到嗅觉，再从味觉到心觉，留下刻骨铭心的印记。

这泡铁观音，现在喝起来一点不减当时的风采，只有过之，而无不及。一是在冰箱冷藏存放得当，二是中途没有再打开过，三是这款茶实在是上品，经过正确的存放，反而色香味韵更加平衡，精彩纷呈。

铁观音的叶底

铁观音茶汤芬芳馥郁

　　每年都会收到丽清同学送来的铁观音，把茶递给我的那一刻，她的肢体语言和面部神情，都让我感受到她对这款茶的深情。

　　每一款茶总会跟一个或几个人有关，这就是茶里的人情味。茶碗盛装的是茶汤，也承载着人际关系的通道，每每想起跟茶有关的那个人，就会很温暖。

　　每次在回味观音韵味的时候，悠远的秋香，总是让我想到丽清矜持的笑容及内敛的表达，但矜持内敛的性格并不会减损她对茶的热爱和执着。在习茶的路上，她就这样清清淡淡地前行，而且越发坚定。

郭丽清的一杯茶

2. 方寸间的幸福——漳平水仙

茶品：漳平水仙。

产地：福建省漳平市，温热湿润，雨水充足，冬无严寒，夏无酷暑，为茶叶的生产提供了有利的自然条件，大部分种植在南洋镇。

特征：作为世界上唯一的紧压乌龙茶，漳平水仙因其独特的外形、清正优雅的香气、蜜黄澄澈的汤色、丰富而沉稳的韵致，以及标准的"绿叶红镶边"叶底，而备受茶人青睐。

外形：水仙茶饼，又名"纸包茶"，外形见方扁平，色泽乌褐油润。

香气：清高幽长，具有如兰似桂的天然花香。

滋味：醇爽细润，鲜灵活泼，甘甜生津。

韵味：优雅的兰花香，内敛典雅，韵味十足，清而纯正。

冲泡：

漳平水仙的冲泡时间和方法，与冲泡其他乌龙茶（岩茶、铁观音等）略有差异。

漳平水仙是紧压茶，润茶时水温不宜过高，90度左右为宜，定点低斟，慢冲，压块注水，注水之后让浸润的茶块充分解块，就要给一点点等待的时间，这样润茶不会造成茶叶苦涩。如果润茶时水温过高用力太大，容易让茶叶受热、受力不均，使茶汤有失平衡。润茶的茶汤弃掉，之后再稍停留，给点时间让水仙更好地打开。

一至四水，注水的方式就是——茶未解块时，茶饼哪里有裂痕就向此处大力注水。因为，要使漳平水仙的香气飘逸高扬，就必须让茶块松散舒展。一水茶汤尚不见得好坏，因为舒展得不彻底，要等到第二水、第三水，才会有一股幽幽

漳平水仙10克小茶饼

漳平水仙茶汤

漳平水仙叶底

的兰花香味飘逸而出，而且茶汤里的滋味浓稠，芬芳馥郁中尽显清透。

四水之后，茶叶已完全舒展，沿杯壁45度角给力旋冲就好，不再直接浇注在茶叶上，避免燥浊之感，出汤时间可随冲泡次数增加逐次延长，也可依个人口味适当调整坐杯时间。漳平水仙很耐泡，上等品质的泡上十余道，仍会茶色澄明、茶香犹存、茶韵清远。

水仙茶在福建很多地方都有种植，如闽南的漳平，闽北的建阳、建瓯、武夷山。据记载，福建所有的水仙茶树都来自建阳的水吉村，同宗同源，只是产地及加工工艺有些区别。闽北工艺，花果香，滋味醇厚；闽南工艺，天然花香，茶汤鲜爽清甜，滋味醇和。要让学茶的人于万千中记住，那就要换装，就是要不一样。漳平水仙，结合了闽南乌龙和闽北乌龙的两种制茶工艺特点，并独创压饼工艺，茶青中带梗，于特定木制模具中压制，纸包4厘米×4厘米，饼重约10克，每一饼就是一泡茶的量。

在当代的茶人圈中，说到漳平水仙，就不能不提一个人——"权叔"张列权。从认识他那天起，他给我的印象就跟漳平水仙画上了等号。2013年他来北京与我约茶，进了茶室，没说几句话，他就在桌上摆出了压制漳平水仙的模具及几款水仙茶，带我进入了他的漳平水仙世界，滔滔不绝……他带着所有跟漳平水仙有关的信息，一路走，一路推广。他的朋友圈除了漳平水仙的信息，就是两个可爱女儿的照片和成长记录。直到开始做直播，他还是专注于分享漳平水仙。他的生活，一直被"水仙"的滋味占得满满的……

当一个人和一件事等同，那就意味着这个人对这件事情已投入了十足的热爱和坚持。权叔就是这样的人，他纯粹地爱茶，他朴素地爱生活。在外人看来，茶和妻子女儿就是他的全部。

张列权先生在试茶

3. 美人，在东方——2017 年东方美人

茶品：2017 年东方美人。

产地：台湾新竹。

特征：采制时间为端午节前后十天，只采摘经小绿叶蝉吸食的茶树嫩芽。被小绿叶蝉啃噬后的叶片颜色变异，台湾当地称之为"着炎"，经加工会形成斑斓五色。此品种本身满披毫，被小绿叶蝉啃噬后用自身物质与之发生奇妙的化学反应，生成的迷人花果蜜香，称"着涎香"。因为要给小绿叶蝉提供良好的生存环境，所以不能喷洒农药，故而成就了茶园自然纯净的生态。东方美人茶，其外观松散成朵，白毫显露，枝叶连理，呈现白、绿、红、黄、褐五色相间，犹如

花朵一般。制作中的发酵程度偏高，介于乌龙茶和红花茶之间，因此汤色艳丽，琥珀明亮。东方美人茶因茶芽白毫显露，所以又被称为"白毫乌龙"，台湾当地人则称之为"膨风茶"。

外形：干茶呈绿、白、红、黄、褐五色，两叶抱一芽，形似花朵。

香气：馥郁的花果香，蜜香。

滋味：汤感凝聚且有胶质感，浓稠爽滑，熟果香落后便是甜甜的蜜香，回甘生津。

韵味：茶汤一入口，伴随着清爽的花果香充满口腔，馥郁而优雅，茶汤与香气裹挟，蜜香凸显，渐渐弥漫，喉韵留存清晰。

冲泡：

润茶。冲泡成朵的东方美人茶，润茶的水温90度左右就好，采用覆盖式的注水手法润茶，让轻飘的叶形茶能够很好地浸润到水中。润茶及弃水要相对快速，避免茶叶内质释放过多，等级高的茶叶，润茶的水是不舍得弃掉的。

一水。上等东方美人的芽叶较细嫩，第一水至第三水的水温都不宜过高，注水的力度大一些，可以在"此消彼长"

150毫升万花盖碗冲泡7克干茶

的拿捏中更好地表达茶汤的层次感。一水的汤色呈香槟色，晶莹剔透，白毫会像金发晶一样在汤里莹莹发光。入口汤感略薄，果香蜜香渐渐显露，迅速弥散，香韵直抵喉部。

二水。我们采用定点旋冲的注水手法，发扬香气，使茶香入水，欲达到香、水、韵细腻、协调且平衡，厚滑的茶汤表达了优质茶叶的内质。

三水。沸水空位旋冲，坐杯 3 ～ 5 秒出汤，汤色呈琥珀色，视觉就有浓稠感，茶汤入口果香、花香、蜜香相互缠绕，又各自分明，非常奇妙，汤感自不必说，醇和滑爽，韵味继续向喉部弥散，附着持久。

四水以后。仍用沸水，手法可以根据想要的口感选择，或高冲，或低斟，看茶泡茶。当滋味渐淡时，唇齿喉间的香甜和清凉感极为愉悦，喝到此时，便不敢多语妄言，生怕破坏了这份恬静。此时再闻一闻杯底香，从热到冷，果香、蜜香、花香，层层叠叠，让人心醉神迷。茶叶内质丰富，极其耐泡，十泡之后欣赏叶底，嫩度极高，鲜活红亮。看到被小绿叶蝉叮咬过的空洞，内心有一个念头生起——彼此成全就是最好的生态。

茶汤浓稠爽滑，回甘生津

东方美人的叶底

如果看到一款茶叶呈五色，那正是台湾乌龙茶中的"东方美人"。因为干茶的外形太特别，叶形茶，五色成朵，在冲泡后具有浓郁的花香与熟果香，冷却之后，又呈现出似香槟酒的甜香和果味，故又得一别名——香槟乌龙。

这款茶是我在2018年北京茶博会上买的，是2017年的茶，喝遍了展会各家的东方美人，最终挑选了香、韵、汤兼具的一款比赛茶王。

"东方美人"，这五彩斑斓的外形和甜润的香气，美艳之中不失骨相，口口汤感，刚柔并济，实具东方神韵。西方人非常喜欢这款茶，常常把它拟人化，因它来自东方，便称之为——东方美人。

东方美人，具备含蓄内敛之修养，不失热情绽放之美好；具备知止有度的平衡，又有拿捏得当的慧心；具备风雨内化的功力，又有自成风景的魅力……东方美人茶，五色幻化出的妙味，五行聚合成的风水，倾城倾国已不重要，重要的是静心间，安方寸，修智理，养慧德。

东方的美人，就应如此这般！

4. 一碗"工夫"见人情——2015年蜜兰香单丛

茶品：2015 年蜜兰香单丛。

产地：乌岽山。

特征：叶色为淡绿色，较其他单丛淡色，故又名"白叶"。蜜兰香是凤凰单丛中最有代表性的一种天然香型茶，具有成熟番薯的蜜香，又有芝兰的花香。香，锐而高扬；韵，幽而持久。"浓蜜幽兰"则是蜜兰香的代名词。

外形：条索紧结乌黑油润。

香气：番薯蜜香，芝兰花香。

滋味：顶口香锐，水中生香，汤感细秀刺激。

韵味：回甘爽快，兰韵深幽，持久不散。

冲泡：

潮汕工夫茶，不仅泡的人有功夫，喝茶的人也要有功夫。当地人喝茶，投茶量都是足足的，要用盖子使劲压着出汤，一杯茶入口便是顶口的香、压舌浓酽的汤。茶汤里尽是霸道的苦涩香甘，没有点喝茶的功夫，三杯下肚，估计就会心慌上头、手心出汗了。

这样的茶汤浓酽爽快。我在这里换种方式冲泡，小壶少茶，于淡中寻味。用 80 毫升小壶，投茶 2 克，用沸水的热气醒茶发香，不润茶，直接冲泡。

一至三水。用高冲注水，并淋壶提温——孟臣淋霖、若琛出浴、关公巡城、韩信点兵，蒸汽袅袅，茶香缕缕……凤凰单丛的香自不必说，不常喝茶的人也要说一句"好香"。

蜜兰香型虽芳烈但并不轻浮，且带有妥帖沉稳之气，使人心安。三水后，隐没在香气后的山韵气息渐渐凸显出来，带着乌岽山的清凉幽远弥漫，使人如入其境，不可自拔，欲罢不能，不知又泡了几水出去……

孟臣罐（前）若琛瓯（后）

分茶匀汤

　　这款蜜兰香是我先生的朋友送的，大家都喜欢叫他"阿源"。阿源知道我们喜欢茶，每次见面都会带来他能找到的好茶一起分享。一年中不会常见，但只要见面，酒饭都不重要，重要的是一定要认真地喝上几泡茶，既深入交流，也看看彼此泡茶、品茶的功力长进。阿源是潮汕人，金融家，他对茶的热爱已经远远超出茶叶本身，还有由一泡茶所生发的地理渊源、人文历史、生活韵味、人生修养……

　　想要泡一壶地道的潮汕工夫茶，就要从扇风点火开始。用松明点燃乌黑油亮的橄榄炭，留有间隙地添到风炉里，在羽扇扇风的助力下，蓝色的火焰不紧不慢地燃起来。这种律动还带着几分矜持。活水仍需活火烹，用炭火沸起的水与电壶烧开的水还是有差别的，这样的水更有活性，泡出来的茶会更加鲜活和灵动。因此，即便从准备到水沸有时要用个把小时，还是值得爱茶人等待的。潮汕人待客有个习俗，客来敬茶是必须的，主人亲自燃炭煮水是在表达最真诚的敬意。

潮汕人喝茶极为讲究，三只茶杯组个"品"字，随时有客到来必换新茶。不管是极费时间的烧炭煮水，还是极为严谨的茶席规矩，无不体现出主人对来客的尊重与关照，全心全意、绝无怠慢。这样的饮茶方式已深深融入潮汕人的生活乃至生命当中。这样的一泡茶，彼此喝得有人情、有温暖，在三只若琛杯中拉近了距离。潮汕人把茶叶称为"茶米"，喝茶就是日常所必需的，茶席间的礼数表达也成为习惯。何为文化？在这一盏茶的杯里杯外，我明确地感知到文化的根本——那就是习惯，一个地域、一个民族，可以传承的生活习惯即是文化的根脉。潮汕人手中的这杯茶，以礼敬之心待人，以关照之心处事，让生活中处处充满温情。

一位歌手唱出了这杯传统的工夫茶：

工夫茶，工夫茶，工夫在茶更在功。

风炉仔，大葵扇，朱泥壶中荡春风。

品罢岁月品人生，泡尽春夏泡秋冬。

欢颜愁绪随云去，一腔热肠天地中。

5. 岁月清幽渐渐行——2015 年慧苑老丛水仙

茶品：2015 年慧苑老丛水仙。

产地：武夷山慧苑坑。

特征：在漫山遍野的茶树中，水仙是最好辨认的。由于是乔木种，叶子大，若不修剪就会长得很高。若是树龄超过五十年的老茶树，则树干壮实，全身覆满蕨类、苔藓，珍贵的丛味由此而来。

外形：条索紧结乌黑，油润具宝色。

香气：香气馥郁，干香、盖香、水香、丛味花香显著。

滋味：清甜甘润、绵柔饱满、水中生香、丛味隐现。

韵味：余韵悠长，滋味滞留长久，丛韵清晰附着。

冲泡：

水沸润器，之后取干茶8克，置于150毫升盖碗中，润茶。采用定点旋冲的注水手法，让水流注到碗壁上，快速地沁润干茶，茶叶在循序有力的水流带动下旋转起来，协调的滋味和馥郁的香气就在这美妙的旋涡中尽情释放。这款老丛润茶的汤是不舍得弃掉的，原因有三：一是产自慧苑坑，二是属上上品，三是已存放三年。

第一水。即润茶之水，坐杯时间不宜过长，力求温润地开启水仙绽放的过程。虽说这一水的汤感还是轻薄了些，但汤中似木质味、似粽叶香的丛味已弥漫于唇齿间，仿佛置身于有潮湿水汽和绵密苔藓植物的坑涧之中，仿佛自己已成为这棵老丛……

"七点三十分"定点旋冲的注水手法

慧苑老丛水仙茶汤

第二水。花香起，汤水滑，水仙的品种香型——兰花香非常清晰，这香伴着丛味，带有来自老树的岁月气息，厚重沉稳、优雅至极。茶汤过喉之后，那丝丝的清凉感，宛如山涧脚下蜿蜒清澈的溪水，纵然注定要与污泥同在，但也会保有自己的无上清凉，决不与污泥同染，这是溪水的个性，更是君子的品格。

有些茶饮可以使人雀跃幸福，为之惊艳；有些茶饮可以使人安神静定，引人深思。我偏爱后者。后者的色香味形虽然不算浓郁，但细细品来却绵延不绝、回味无穷。这种茶，也许初泡时不能让人识得真味，但喝过两杯便让人心神安顿，自在融于其间，摒除周遭牵挂，唯剩一片清澈心田。

这一泡老丛水仙，正是如此。不知不觉已经七泡，但没有丝毫可以停下来的理由。

好茶是最讲究山场的，这款慧苑老丛更是如此。傍近岩崖阴林，受岩泉点滴，终年涵养，造就幽邃的自然生态。

　　慧苑老丛，仿若岩石峭壁中生长出的空谷幽兰，无论是否有蝴蝶飞过，无论是否有人驻足欣赏，都会尽情绽放；纵使风吹雨打，筋骨永远坚韧。

　　慧苑老丛，又似一身中正之气的青年，既不过分强调个性，又保持着思想及人格的独立。

　　每每到了制茶的季节，和静园出品部的负责人柏晗和学堂的跃龙老师就会亲自上山，与师傅们一起制茶。

　　柏晗，毕业于山东农业大学茶学系，在校时就担任大学生创业联盟的主席和茶叶创业团队的队长。毕业后，他来到和静园工作，凭借着对工作的担当和热情，他很快成长为和静园产品部门的负责人，肩负着重要的出品任务。每一个茶季，他都要负责全程的制茶工作——从走茶山到选择原料，

慧苑老丛水仙叶底

柏晗在茶山

跃龙正在焙火

从组织生产到对每一片茶叶的全然交付，从协调人力物力到对每一杯茶汤的审评甄选，他要统筹好每一个环节，把控好每一步节奏。如今，他已经对全面出品工作驾轻就熟，并在茶叶品质的把控上始终一丝不苟。柏晗做事踏实稳重，为人坦率真诚，正如他泡的茶，骨架清晰、不加粉饰，却是劲道十足、耐人寻味。

跃龙，毕业于武夷茶学院，在校时就常跟茶山师傅学习传统制茶技术，毕业后加入和静茶修学堂，成为讲师，但他从没间断过制茶工作。因为对制茶的热爱和坚持，他的制茶技术日益成熟；因为对种茶、制茶、泡茶、品茶、讲茶进行过成体系的深入打磨，他对传统制茶技术有了独到的理解和表达。每一年的制茶季，从摇青到烘焙，从初制到精制，从清晨到深夜……他将时间和精力倾注于每一片茶叶，无论是毛茶的审评，还是成茶的品鉴，杯杯茶汤的告白，都让他兴奋得像个孩子。这时候，他脸上那种掩饰不住的笑意，天真纯粹。

柏晗和跃龙都是90后，有了这份心智做基养，他们都会从小树慢慢长成品格优良的老丛。他们年轻有为的生命，在一杯传统的中国茶里从容绽放。

慧苑老丛的根部

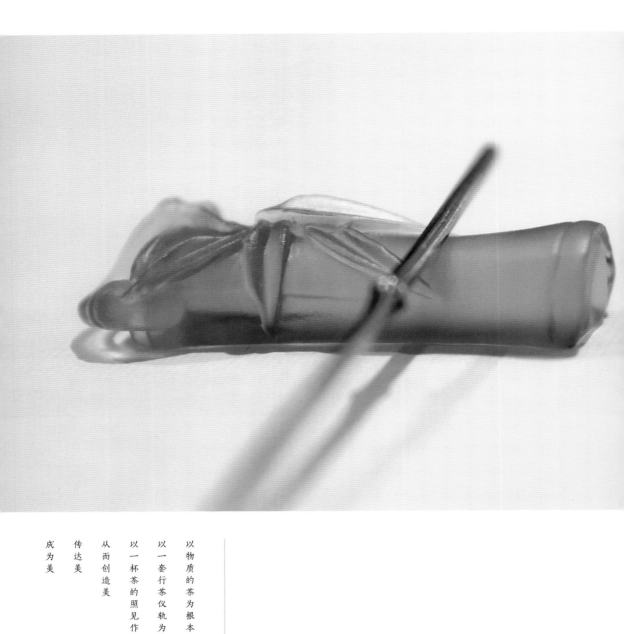

以物质的茶为根本

以一套行茶仪轨为实修方法

以一杯茶的照见作为精进的戒尺

从而创造美

传达美

成为美

第四章

茶修美学：
生活艺术·生命质感

茶修美学，是于一杯茶中实现对美的认知及探寻，是拓展了一条通往美及美好的捷径与通途，是完成对生命之美的成全。

美，是视角的产物，不同的视角会产生不同的美的表达和解读。但凡是美的，就可以生发美好，而美好，则是每一个人的需要，总能让人心生喜悦。美学，看似高远到讳莫如深，在我看来却裹藏着我们对生命最朴素的感知。

茶修美学是将与茶相关的礼仪规矩，运用到日常的行为习惯中，借由一杯茶所发现的美与美好，建立一整套可量化的茶修教学体系，进而指导认知，方便践行，利于分享，落地生活，提升生命质感。

我们爱茶，会给生活带来许多美好的改变和调剂——因为要更好地泡茶，就会选择钟爱的茶器及相关的物件；因为要营造喝茶氛围，就会精心展布茶席、陈设茶空间；因为要给行茶一些仪式感，就会精心准备自己的妆容及静定的心情……在这些过程中，我们一直在被趣味调动，乐此不疲。做有趣味的人，过有趣味的日子，当我们有能力跳出去看待生活的时候，我们就学会了欣赏生活。

我们倡导的茶修美学，是以物质的茶为根本，以一套行茶仪轨为实修方法，以一杯茶的照见作为精进的戒尺，从而创造美、传达美、成为美。

相对的平衡，需要以美德为支点撬动生命美学的张力——真实的生活里，我们用情趣给平衡以点缀，放逐枯燥

与麻木，让生活充满令人心动的华彩乐章；流动的生命里，我们用思辨给平衡以突破，避免在安逸中陷入消极，进而创造生命价值，成就生命的鲜活之美。

美，可以是片段，但美学则是一个通达的系统，一个完整的脉络。茶修美学，是愿意借茶修为的茶人，于茶中修得一份静定的能力，在生活的每个当下感受美的存在，觉知活着的意义——在一次呼吸、一步行走、一餐饭食、一夜安眠等生活点滴中，让一杯茶，串联起生命美学的骨架，凡事有所依托，修得气血充盈、经络通达。

我们了解到了生命的需要，就应该积极地找寻方法以完成自我修炼，让所有的瞬间都因为"我在"而没有浪费光阴，生命也就呈现出应有的安定质感。

一、一次呼吸

清晨，六点左右醒来，只要不赖床，就不会有纠结和艰难，伸伸懒腰就能轻松地起来。

第一时间是排毒，如果身体被关照得很好，养成了良好的秩序，生物钟的精准就不用怀疑。之后开始煮水，开启音乐，待洗漱完毕，水也煮好了。凉水的时候，到院子里小跑、拉伸，让身体活络起来，待开水的温度凉至 30 度左右，喝上一大杯，一定要慢慢地喝，给当令的大肠经以支持。如果是较虚弱的体质，嚼两片西洋参或吃几粒枸杞会更好。清过口就可以安坐了。

选择舒缓且有能量的音乐做背景，可以更好地营造静心的氛围。盘坐在瑜伽垫上，可以在尾骨处加一个比较松软的垫子，让身体更舒适。

一切准备就绪，可以微闭双目，让头、颈、肩都处在放松的状态，保持身体的自然平衡。此时，把全部意识放在呼吸上，用全然、纯粹的呼吸，观照身心，唤醒每一个细胞。

我们慢慢地呼气，此时腹部内收，感觉到身体的浊气被非常彻底地排出体外，呼气到极致，稍作停顿，之后是放松，且随之开始吸气，外界的新鲜气体就自然地压入身体，腹部渐渐鼓起，感觉到身体仿佛充满了自然之气。就这样，细缓悠长地吐气，匀净深邃地吸气，一呼一吸之间通达了心门的内与外，承载了生命的轻与重，连接起宇宙的小与大。

呼吸的过程中，保持心神的安顿和专注，若思维有所飘移，也无须对抗，察觉它、观照它，等它再回到呼吸上即可。深呼、深吸，把每一次呼吸都当作一次极致运动，让每一轮吐纳都了了分明——平和至极，纯粹至极，舒畅至极。

如能这般，我们会时刻对生命状态有着清晰的觉察，每当情绪的喜怒哀乐有所起落时，呼吸的变化是最明显的，也是最直接的。呼吸加快、呼吸变慢，都对应着我们的一种身心模式。可以说，呼吸的状态反映了我们的身心状态，影响着生命的质感。年轻的时候，我们认为好的状态是一直快乐，越到长大，越明白生命的奥义并非一直快乐，而是葆有平和——这份平和是与快乐、悲伤、愤懑等情绪和平相处的结果，是一份世事洞明后的接纳，是一种由内而外的持久的喜悦，也是一种无论何时都能保持呼吸平稳的能力。

所以，葆有生命的平和，从呼吸开始。用意识去引导，在一呼一吸间容括天地、吐纳自然，在每次的极致转化处感知身体、梳理情绪。我们会发现，身心的平和会被呼吸所带动，而我们的生命密码，就藏在一次呼吸之中……

二、一步行走

在这个任何事情都提倡加速度的时代，我们被紧张的节奏带着跑，越来越快，越快越急，越急越慌……殊不知，这会让我们陷入身为形役、心为身役的恶性循环中。身体得不到休整，精神也无法得到放松与梳理，在日复一日中疲于奔跑。

我们在对"快"的追求中打破了生活需要的秩序，忽略了出口，找不到终点在哪里，甚至忘记是为了什么而开始奔跑的。"快"的背后是对"慢"的渴望，很庆幸，我找到了一杯茶，梳理了借茶修为的脉络，也由此找到了更多的方法。于是，在和静茶修的高阶课堂上，就有了"观水经行"的课程设置——让同学们在"最慢"的行走中，看见生命真实的状态，真切地感受"行走，就跟行走在一起"的安顿，从而去觉察行走的力量，乃至心与身的连接。希望用一次行走的体验为紧张的神经松松弦，为麻木的身体减减压。

选择空旷安静的空间，有柔和的灯光、宁静且有代入感的音乐，备好一只装满水的杯子，衣着舒适宽松，穿一双软底鞋，或者只着棉袜，也可以赤脚，重要的是让脚踏踏实实地接触地面。一切准备就绪，双手捧起杯子，进入这宁静的场能中，放空思绪，不去关注外界，把目光集中到眼前这片微小而光明的水域上，借助这杯水让我们安顿下来，开始感受每一步的行走。

稳稳地从静止开始，迈出第一步，没有了匆忙奔跑中的惯性，我们以最慢的速度，带着觉知开始行走——我们好像已经不会这样慢慢地行走了，更多的时候，走路只是为了到达，已经忽略了行走的本身，身体是匆忙的，心神是分离的，静定的生命能量无法聚合。起始的第一步可能走得不稳，甚至会摇晃，还会担心杯子里的水洒出来……

该如何保持行进中的稳定平衡呢？试着摄收心神，专注静定，慢中求稳，稳中寻定……渐渐地就会静下来、空下来，让每一步的行走真正踏实下来。

我们跟随着音乐传递的能量，听着老师的引领——

"请以我们最慢的速度行走，调匀呼吸，呼吸深邃而悠长，感受每一次大腿抬起，觉知每一次脚掌踏实地落下，知道脚掌每一个部位与地面的连接，同时再感受捧着水杯的手臂，不要有任何紧张，完全放松。我们的内心也不要被这杯水所控制，呼吸越来越匀称，一切都在放松中慢慢地达到协调，继续感受内心的静定，感受身心的平衡……"

我们就这样一步一步脚踏实地、带着觉知行走。一步、两步、十步、百步，渐渐地有了对身体的觉察，对生命存在的觉知，对收与放的知晓，对慢与快的看见……这一切的一切，都是因为慢下来，静下来，才可以感受到的美妙存在。这是内心最喜悦的风景，原本就在，只是经常会被匆忙和焦虑所覆盖，让我们视而不见。这一刻，借由"观水经行"，很容易地回到这片清凉地，让自己一边欣赏风景一边成为风景，对生命状态有了全新的思考，让生命能量有了即时的提升。

回望这段行走，无论水杯里的水，还是一步一个脚印的踏实，或是一呼一吸的无念，都昭示着生命状态不能被忽略的本质——秩序与平衡。不要因为外在的快速和无序乱了自己的方寸，不要忽略了内心的声音，不要遗忘了身体的存在；换个角度看，当内心笃定了，不论外界的忙与闲，还是身体的快与慢，都不会打扰我们内在的安顿。当我们有了这样的修炼，我们的身和心、肉体和灵魂就会达到和谐，并聚合出神奇的能量，从容、笃定、善美、达观、勇敢、自在……彰显最美的生命质感。

三、一餐饭食

　　我小的时候，在餐桌上经常听到爸爸的告诫："食不言，寝不语。"每次吃饭，爸爸还要反复矫正我拿筷子的手势，告诉我夹菜的禁忌和吃饭的规矩。

　　我出生时爸爸已经四十九岁，他是读过六年私塾的人，很严厉，脾气很大，不苟言笑。他说的话我都会照做，因为我觉得只有这样才能让爸爸多讲一些故事，脸上多一点笑容。

　　二十世纪六七十年代，餐桌上的饭菜极其简单，只有到了逢年过节才能够见着荤腥。那时候我家三代同堂，姊妹又多，家里吃饭讲究规矩，爸爸特别看重我们在饭桌上的行为举止，因为这反映出一个家庭的教养。

　　吃饭时，要坐得端正，不能趴在饭桌上，要一手端饭碗，一手拿筷子，手指要像拿毛笔一样稳稳握住筷子。不能用筷子一边夹菜，一边指点别人，更不能把头低到碗里扒饭。老话儿说"饭碗都端不住的人，长大成不了大事"，所以，如果我们吃饭时不顾吃相，轻则被训，重则挨揍。

　　夹菜时只能在自己的一侧夹，夹多少要看看家人够不够吃，不能只顾自己。爸妈招待客人的时候更要注意，饭桌上难得有点儿肉、蛋，如果我们有机会上桌，是不可以嘴馋造次的，如果看见好吃的就一通乱夹，害大人丢了脸面，后果真的很严重。

饭菜送进嘴里后也有规矩，不能一边嚼着饭菜一边高声说话，更不能吃出声响。

饭菜端上桌，长辈不动筷子，晚辈是不可以先动的；吃饭时更不能嬉戏打闹。如果小辈先吃完，就跟长辈打个招呼退席；如果长辈或客人吃好了，小辈就不可以再吃个没完。

饭桌上的规矩背后，是敦促我们养成恭敬、尊卑、持重、知礼的良好习惯，就像父亲总挂在嘴边的那句话"该做什么就做什么"——吃饭就认真吃饭，吃完就告退，不要在餐桌上逗留。

父亲的餐桌教育，让我很小就懂得了克制和尊严的关系，自私和善良的区别。

食，是性命根本。怎样食，食什么，关乎一个人的修养、一个家族的习惯、一个民族的文化。

这个加速度发展的时代，在外应酬交际的饭局越来越多，在家安心用餐的时间越来越少；推杯换盏中的思虑越来越多，专注享用美食的心情越来越少……

原本有助于连接情感的餐桌交流和表现个人修养的就餐礼仪，则被极为便捷的智能手机冲击得面目全非。我们都看到过下面的场景——

场景一：带孩子用餐的父母，一边吃饭一边忙着摆弄手机，无暇顾及孩子，更有甚者，家长和孩子各自边吃边玩，全程鲜有互动。这样如何加强亲子关系，如何培养孩子的餐桌礼仪？更别说边吃边玩对孩子的专注力会造成多么大的损害了。

场景二：夫妻对坐，各自看着手机，心不在焉地吃着碗里的饭，咀嚼变得机械，吞咽变得无感，错过了食物的自然能量——手机里的虚拟世界很精彩，手机外的餐桌氛围很木然……

这，就是当下很多人在一餐饭食里的习惯，缺少了烟火气，寡淡了人情味，疏远了心和心。

正视生活，珍惜生命，就从鲜活味蕾开始，直到柔软内心。一杯茶，明明白白地喝；一餐饭，认认真真地吃；一个人，全心全意地对待。这就是美的状态。

选择吃什么，很重要；跟谁在一起吃，也重要；懂得怎么吃，更重要！只要休息，我就会很开心地下厨，随心所欲地操持饭菜。如果没有准备，打开冰箱，稍加琢磨，安排六到八盘菜不是问题；如果精心准备，就是一桌色香味俱全的丰盛家宴。不论怎样，都能让家人吃得开心、赞不绝口，让自己乐在其中、幸福满满。在对待饮食的态度里，隐藏着用餐者的生命状态。如果不能一日三餐亲自下厨，至少一周要用心做一餐，没有会与不会，只有愿不愿意，别把下厨当成负担，把它当作缓解工作压力的调剂，当作对家人、对自己爱的表达。认真地准备，用心地料理，一口一口专注地咀嚼……无论是自己独享，还是家人围坐，或是朋友小聚，都会体现生活本有的乐趣和质感，吃出食物真正的滋味，也吃出快乐和健康，这才是我们活着的意义。

在一杯茶里养成的味蕾欣赏能力，在一餐饭食中也非常受用。每个当下，每个动作发生，我们都去觉知、觉察，慢慢地整个人的状态就安定下来了，鲜活和美妙就会此起彼伏地出现。

有一次，我乘飞机出行，因为不想吃飞机餐，就只要了面包。第一口咬下去，觉得干巴巴的没滋没味无法下咽，我只好慢慢地嚼，嚼着嚼着，意想不到的体验就发生了——我嚼出了面粉的香甜，嚼得满口生津，嚼得像糊糊一样，滑顺地咽了下去。我带着探究心又咬了一大口，继续认真地咀嚼，发现嚼到三十多次的时候就会出现香甜，嚼到六七十次的时候，面包就成了粥糊。这个面包吃得我开悟了一般，让我真正明白了"吃饭，就跟吃饭在一起"的道理——在认真咀嚼的过程中，我忘了自己是在飞机上，我忘了自己从哪里起飞、要飞往哪里，我只知道自己在吃面包，有滋有味……

四、一段音乐

　　我们这些 60 后，是缺少美学教育的一代人，尤其是对音乐的理解和欣赏。

　　1996 年，当一杯茶出现在我生命中时，我周围的一切都开始发生奇妙的变化。因为要经营茶楼，需要选择空间的背景音乐；因为要营造怡人的品茗氛围，我邀请民乐队每晚八点至十点在一楼大厅现场演出；因为要参加第一届全国茶艺大赛，在选择配乐的过程中我进一步对音乐有所了解；因为每晚十点至十一点要去电台做谈话类节目《和静园茶人时间》，需要准备大量配乐素材，我又向音乐靠近了一大步。此时，已是 2002 年……

　　让我真实地感受到音乐的魔力，是在 2000 年的夏天。当时，为了参加首届全国茶艺大赛，我在排练的过程中创编了主题茶艺——"白云流霞"，在众多的经典音乐中选择《春江花月夜》做配乐。主题茶艺"白云流霞"，是借由茶艺的表现形式，抒发对自然大美的解析，天空的浩渺，白云的高洁，流霞的瞬间转逝……都在一杯茶中连接，在一杯茶里照见。选择《春江花月夜》，是希望可以用它来烘托茶艺表演想要展现的意境：静谧春夜的空灵山水与高远圣洁的白云流霞相呼应，汇集阴阳、乾坤之能量于一杯茶中，撑起茶人的

精神世界。

　　我把这次比赛看得很重——我们是第一次参加比赛，而且是东北地区唯一的代表队，参加的又是全国性的大赛。但在那个信息不太发达的年代，我无法了解其他选手的任何信息，只能凭借自己几年的习茶积累，以及对一杯茶之上的文化和艺术的理解，组成了一支三人茶艺表演队，创作了"白云流霞"的表现形式。

　　在这套茶艺表演不知道已经重复排练了多少遍之后，一个安静的上午，我们继续打磨细节。当《春江花月夜》响起时，我开始投入地泡茶。开篇的旋律优美温婉，代入感很强，我仿佛置身于"江楼钟鼓""月上东山"的意境中，泡着泡着，我入了音乐，音乐入了茶，没有了我的存在，没有了时空的存在，没有了存在的存在……

　　当觉察到这样的美妙时，我心生喜悦，感动不已。这个片刻成为我生命成长中最重要的体验，也成为我内心深处永恒的印记，原来这就是"入境"。也是这个片刻，让我感受到了音乐的魅力——有能量的音乐不会只停留在视听层面，而是会入心入魂，让人入境入定。

音乐不仅是悦耳的，也可以是悦心的，更可以是撞击灵魂的。也许因为一段旋律，我们高山流水得知音，从此他乡是故乡；也许因为一个和弦，带我们回到了内心，与自己拥抱；也许因为一曲终了，余音绕梁，让我们倾听无声之声……

沉浸于这样的乐曲，如同与佳茗对话，它们宛如一杯坑涧的岩韵，又如一壶云贵高原的山野气息，携着溪涧的盈润，带着大山的巍峨，还有那盛开的幽兰和鸟儿的合唱，令人心旷神怡。这一刻，音乐可以是味道，可以是清风，可以是云雾盈萃，也可以是泥泞崎岖……音乐就在山里，音乐就在茶里，无所谓高低强弱，无所谓快慢顿挫，此时如果你懂得倾听，旋律就是这万物与心灵的和鸣。

但凡有动有静，就必能产生音乐的旋律。泡茶，让我悟得音乐的源起；而喝茶，则教我理解音乐的妙有。有了音乐的教育，我们对一杯茶的欣赏及对生命的沉思也会更加立体、深邃。这应该就是美的丰盈吧。

五、一支舞蹈

《毛诗序》中有言："情动于中而形于言，言之不足，故嗟叹之，嗟叹之不足，故咏歌之，咏歌之不足，不知手之舞之，足之蹈之也。"舞蹈具有天然的魔力，是所有情绪表达中最直接、最强烈，也最感染人的一种。

在一杯茶里，我找到了生命的落点；在舞蹈中，我则找到了生命的燃点。那一刻，我为之欢喜，为之感叹。欢喜是我又打开了一扇通往光明的大门，感叹是人到中年还可以在舞蹈中给自己彻底松绑，从肢体到内心勇敢地拥抱世界、拥抱所有！

习茶的人，给人的感觉往往是安静的。但其实，"静"与"动"是相互转化、相互生成的。在和静茶修行茶十式的第七式中，我们以太极的轨迹出汤时，其核心便是对"观—止—行"的体悟。

观，观照内心，觉知当下，这是修止的根本，也是达静的必由之路；

止，止语止念，知止中正，这是静定的当下，亦是鲜活的对应关系；

行，动与静都谓之行，且要行之有道。

提壶举杯之间，舞蹈歌唱时刻，灵动不能被宣泄所吞噬，

安静不能被刻板所阻碍，这是一念间的转换，也是动与静对立之上的高度统一。因此，安静泡茶时不乏灵动，欢快舞蹈时亦是清修。

我生命中的重要成长都是在一杯茶里实现的。舞蹈则是我在茶修路上的惊喜遇见，它唤醒了我灵魂深处尘封的存在，给我的茶修体验带来了额外的丰富与灵动。带着这样的生命体验，我把舞蹈作为身心打开训练的最初试探，设置在茶修一阶课程的最后一天——在学员们渐入佳境的节点，我和讲师团队的老师们带领大家一起舞蹈。

"不要给自己设限，不要告诉自己从没有舞蹈过，蹒跚学步的儿时我们都跳过，那是童真的模样，无比自在……"从柔美的旋律到劲爆的节奏，有的学员是很快被带入的，更多学员是慢慢放下拘谨的。最后，大家都尽情舞动起来了，笑靥如嫣、泪眼盈盈，每个人都被自己的绽放触动了，被自己的可能感动了。

舞蹈，就跟舞蹈在一起——不仅是肢体在舞蹈，还要身心同在、形神同频，专注于每个当下。生命能量就在舞蹈时的绽放中达到了最快速的提升，一切都会变得不可思议。打开心门，释放天性，连接宇宙，让身体柔软，让触觉灵动，让内心欢喜。

舞蹈，是属于生命本源的表达，是原生力量的涌动，是内在蓄能的转化。只是在后天成长中，原本灵动的身心被太多"不可以""不可能""不适合"所捆绑，让我们接受了太多的"我不想""我不行""我不是"，将自己封闭在所谓的"舒适区"。重新全情舞蹈，重新打开身心，能让我们看清生命的平等和生命的可能，开始对自己说"我愿意""我能够""我成为"。

很多时候，当我们无法精确地传递幸福及体悟时，舞蹈便能够成为最直抵人心的言语，或喜悦，或悲伤，或柔美，或强劲……生活的舞台上，舞蹈应该是自我表达的需要，更应该是鲜活生命状态的诠释。生命的完美，不能缺少来自舞蹈的真实律动！

舞动之处，熠熠生辉。纠结、恐惧、束缚……在身体的律动中被一点点冲破。

心灵与身体一同起舞，这是生命的飞扬，值得被期待、被在意，更值得被欣赏、被珍视！

六、一幅绘画

　　与先生谈恋爱时，他为我画了一幅画，是早春晨光中的白桦林。迎着画面，仿佛可以嗅到缀满晨露的草地的气息，温暖的光芒洒满林间，白桦树的"眼睛"有似精灵的、有含羞带涩的、有温婉安静的，嫩绿的叶子在微风中雀跃、欢快地向阳而生……这幅画先生画了很久，林间的景致就在他的笔下越来越真实。

　　在婚后共同生活的日子里，先生经常给我讲解绘画及摄影作品，他开始收藏当代艺术作品后，我又跟随他一起学习对当代艺术的欣赏与解读。现在想想，我们的生活从没有离开过艺术。

　　2018年9月，我们回到沈阳，抓紧时间去辽宁博物馆参观了历代书画大展。在诸多馆藏面前，我们震撼之余深感时间不够，计划下次专门留出两天细细感受。看着历代的书画真迹，尽管隔着展柜玻璃，还是能清晰地接收到其中穿越时空的能量，每一笔勾线、每一层晕染、每一种皴法、每一款题跋……传承至今的，不仅仅是绝妙技法，更有寄情于山水的人文情怀、一心不乱的神来之笔、令人折服的东方审美境界。

　　宋徽宗的《瑞鹤图》《草书千字文》，东晋顾恺之的《洛神赋图》，唐代周昉的《簪花仕女图》，元代赵孟頫的《秋声赋》，明代仇英的《清明上河图》……看着这些历代名家的真迹，我与艺术结缘的往事历历在目。

2000 年，先生决定拓展名画复制品业务。这缘于他在当时辽博（原址）的历代书画复制品展上，看到了台北故宫博物院藏品的复制品，那都是借助日本二玄社的珂罗版复制印刷技术的逼真呈现。先生看完展览后兴奋地找到主办方协商合作，于是我们有了可以让我边工作边学习的艺术品经营事业。

这段经营持续了五年左右，它给了我非常重要的关于中国美术史及国画赏析的美学补养。这个过程中，先生几乎每幅画都给我认真讲解，很多细节还会反复分享。这份潜移默化的熏陶，积累着我对美的认知、对美学的理解。2006 年，先生开始收藏当代艺术品，又给了我继续学习的机会。

刚开始，对于当代艺术家的表达，我是看不懂的，更谈不上理解和欣赏。为了让我尽快学习和了解，先生为我解读中国当代艺术的发展脉络，艺术家的创作过程，作品中表达的独立观点，作品外的哲学思考，以及对立冲撞所产生的更高维度的审美境界……就这样，对于当代艺术作品，我慢慢有了自己的理解，同时，当代艺术作品也给了我更深刻的感悟——创作无限，源于思维模式不受限制，不给自己的思想设限，不让生命状态受限；在认知深处明了"一切皆有可能"，便是一种放达。

细数我曾经接受过的艺术熏陶，无论是在传统字画方面，还是在观念艺术或建筑园林领域，其中的耳濡目染、深入赏析，不仅仅培养了我对艺术作品的审美鉴赏力，更重要的，是让我具备了一种审美思维模式，让我触及了一定的审美高度。这份修养的积累可以滋养生活的方方面面，让我对一杯茶有了更深层的理解、更丰盈的表达。在这里，感谢先生给我的影响和帮助。

艺术地生活，是于平常的日子里，学会在一杯茶、一种仪式、一次家宴、一场音乐会、一幅画作等细节中接受艺术的洗礼。由此，我们的生活更加多彩，我们的内心更加富足。

生活的艺术，是当我们面对生活中不如意的画面时，可以从另一个角度去洞察、去看见。角度换了，画面就换了，境遇也就变了，悲愁烦忧也许就在一念间转化了。这样的艺术处理会生发出许多生活的智慧，生命的质感就此"可提升、可触碰、可互换"。

七、一方茶席

茶席，是茶人的一方天地。虽尺幅不大，却可以容括所有，悦纳一切。

透过展布茶席，可以看出布席人的秉性。茶席是专业实用与艺术审美的综合呈现，能够传达出茶人的情感与精神，并能够在实践层面为茶人的修行助力。和静茶修讲求茶席的整洁、有序、简约、专注、关怀、和谐，并倡导以此作为茶人自持、自修的法门。

在生活里，在工作中，也许我们没有课堂上那么合乎标准的席布、茶器，但仍应在布置茶席时尽量用专业来要求自己。这是我们对借茶自修的践行，也是于最朴素的日常里发现茶修美学、创造生活之妙的机会。

一尘不染，保证席间的一切都干干净净；

勿添虚余，拿掉所有跟茶无关的物件；

次第有序，让茶席间的一切主次分明；

各就其位，让每一件器具都处于最妥帖的位置。

一方生活的茶席如能在展布时兼顾到这些标准，就能够很好地服务于茶人的行茶、品茶。于是，安坐在茶席间，起落知止，让每一个动作都于张弛出入中恰到好处、止于至善，让席间的一切都周密细致、完美圆满。

一方妥帖的茶席，最为重要的是对主泡器的甄选。器，上手，就要达到人器合一；器，出汤，就要实现茶器合一。人与器，器与茶，合为一处是为和合之美。

　　和静茶席主泡器盖碗的设计，我用足了心思，是特别为行茶十式定制的。当初选择盖碗的时候，我走了很多茶城、展会，还有不少的专营店，甚至去到景德镇的工厂，都没有找到满足教学需求的心仪款式。机缘巧合，诚德轩的设计师幼幼来学堂学习，与她的接触让我产生了与诚德轩合作的意愿，接着更是与诚德轩的董事长苏元阳先生一拍即合，开始设计打样，经过了近半年反复打磨，终于成型。从盖碗的碗口、碗身、碗底的大小和舒展度，到碗盖、碗托的弧度，都严格遵守了"器之为用，器之为美"的宗旨，既利于茶性的最佳释放，也利于茶人的从容表达，使得茶修的能量在器、人、茶之间互相转化、生发和成全。

　　茶修是生活的进行时，践行茶修是乐在其中的生命常态！让自己全身心地安住于一方生活的茶席里，把日子泡成一杯茶，于每一次目容端、手容恭时静思，于每一次出汤、放下时自在……

八、一盏清茶

清茶一盏，承万千心相，载生命轻重。

自从 1996 年推开和静园的大门，我的生命就因这一杯茶而变得不同。习茶、谈茶、泡茶、品茶，生活的每一处都有茶的存在，好像从最开始我做出的就不仅仅是针对事业的选择，而是选择了一种生活方式、一种人生信仰。

因为习茶，多了与自己独处的时间——能够安静地坐下，把生活里的所见所思慢慢理顺。随着学习的深入，对自我的认知也如同心中的那片树叶，渐渐有了清晰的脉络。

因为泡茶，多了与朋友相聚的机会——展布一方茶席，三五围坐，借着一盏茶的时光叙叙旧、谈谈心，为彼此紧张忙碌的生活松松弦。临别时定好下一场茶约，然后带着此番茶叙的滋养回到各自的生活里，一切都心领神会。

因为喝茶，多了不期而遇的精彩分享——无论是与家人、与朋友，还是与客户，甚至是与萍水相逢的茶友，喝茶时少不了说话，言谈之间便不乏独到的思想碰撞，无须设计却又如期而至。此时，茶香在杯里，也在杯外。

茶，像一盏灯，开启后便照亮了我生命中那些未曾留意的空间。我像一个寻宝的孩子，兴奋地走进去，触发每一种可能，无形中好像听到了很多故事，看到了大千世界，也体

会到不同的感受。冥冥之中，我的生命似乎越发丰盈，内心似乎越发通透。

一盏清茶，承载着万千心相，也让我于修习中渐渐看懂生命的轻与重——

泡茶，是日日行茶、时时修持的方法，让我们在实践的过程中透过一招一式的变化体察身心的微妙成长；

品茶，是静观自己、和谐关系的依托，让我们于凡尘中看到一份超脱自己而得以圆满的希望；

悟茶，是打开心门、启迪智慧的通道，给了我们即便身处泥淖也依然能将灵魂放在高处的可能。

一盏清茶，让生活的眼前与远方得到了和谐的转换；半瓯红浓，让生命的轻与重找到了平衡的支点。

九、一心无念

茶不是宗教，却是我一生的信仰。

从出生起，我们就在接收着这个世界的各种信息。当我们懂事时，开始思考，会慢慢有一些对待世界、对待他人，以及对待自己的看法。随着年龄的增长、阅历的增加，我们的见识越来越丰富，待人接物也越发成熟，却难免在独处时陷入苦闷，常常会感受到内心的理想之火被现实浇灭。无处安放的信仰，让我们怀疑人生。

怀疑自己辛苦的打拼是否值得，怀疑自己所做的事情是否有意义，怀疑这一路走来到底算不算真正的"成长"……自我怀疑产生自我否定，消耗着生命能量，也让我们无法专注于当下。我也曾有这样的阶段，迷茫、怅然、执拗地想要明白这一切。然而，越是急于找到答案却越是无法如愿。

当我遇见了茶，并尝试在行茶时把自己放下，把心境腾空，一点一点地让自己沉静下来，我开始"看见"自己——看见那些焦虑、我执，看见自己在各种情绪里的挣扎，在证明无果后的失落，以及用判别、设限给自己树起的屏障……

我在一杯茶里与自己对话，突然之间，我找到了答案——心可生念，可转念，亦可化念。

行为是表达出来的思想，思想是未表达出来的行为。我们的所思所想，转化成当下所为，进而对应到一种结果。种种的纠结苦闷，并非命运不公，而是自己内心的投射。所以，万物无常，境由心生。

尘世中的我们每一天都面临考验，周遭的一切都充满变数。我们无法掌控世界，也无法掌控别人。我们能做的是在"无常"之中找到自己的"有常"，在学习中建立起和谐的内心秩序。

日日行茶，实际是对自己的时时看见，是对内心秩序的时时梳理和维护。在一杯茶的安宁专注中，我们试着去看见自己每一个意识的变化，看见自己是否有执念生起，如若有，那就随顺地放下，不必懊恼，回到内心的秩序中就好。这如同我们对自己外在行为的修正，需要一个慢慢锻炼，由有意识变为无意识的过程，当我们的内心习惯了秩序，便创造出了和谐。

一心无念，只有片刻就好，这个片刻就是修心的开始。修得无念之心，于繁杂的万象中时时记得"观"念、"止"念、"转"念、"化"念，让杂念、妄念、执念、一切念，都化在"无"的过程里。若这个过程处在无为状态，思想便可以来去自由，生命便可以达到澄明喜悦。

十、一夜安眠

　　在这个时代，一夜安眠，变得如此难得而奢侈。

　　睡眠，本应是生命的本能。然而，我们却在渐渐地失去这种能力。想睡，却睡不着，即便睡着，也是昏昏沉沉，半睡半醒。睡眠是健康的重要保障，睡眠不好，精神恍惚，精力无法集中，体力也会受损，情绪会时常焦虑……

　　睡眠状态里藏着一个人的生命状态——活得好不好，先看睡得怎么样。

　　试想：白天，我们尽心尽力地工作，夜幕降临时，我们必然身心疲惫，需要好好睡一觉恢复能量，应该"沾枕头就着"，根本无须为睡眠费心。由此看来，决定晚上能否安眠的并非临睡前的一个小时，而是我们的一整天——想获得一夜安眠，全心全意、不留遗憾地过好白天，远比睡前各种催眠更重要。

　　在白天，用勤奋努力让身体处在行动中，用尽心尽意让精神处在活跃里，便无暇空想、无暇纷扰，更无暇烦忧。好好度过白天的每一分、每一秒，不虚度、不游离。忙碌着就好好忙碌，偶有休整时便好好放松。一天下来，我们的心灵得到的是充盈、是收获，更是稳稳的踏实感。

　　踏实感，是最好的助眠方！

我们都希望度过有意义的一生。因此，才会在碌碌无为时感到焦虑和迷茫，才会为了白天的虚度而自我责怪，才会在身心本该休整的夜晚无法安宁……

　　所以，找到生命的意义所在，并为之全心全意地奋斗，不问前程，不计得失，不忘初心，不留遗憾，才能日日心安，才能夜夜好眠。

　　我找到的是茶修，您呢？

茶修哲学，是茶人的世界观

一杯茶的表达，分太多层面

可由简入精，也可由实入玄

把高深的哲学命题

融入一杯茶的澄明里

第五章

茶修哲学：
能量在心·技艺在手

茶修哲学，是茶人的世界观。是茶人通过对一杯物质的茶的系统学习与表达，实现与一杯精神的茶的能量互换。"能量在心·技艺在手"是对一杯茶的哲学思考和探究，也是将无形的能量借助有形的技艺来承载与传递。

享用一杯茶，是生活、是文化、是艺术，也是哲学……这一切都要从了解茶、泡好茶开始。首先要学习相关的知识与技能，比如茶叶的种植、产地、品种、制作工艺，茶叶审评及冲泡技艺等。这些专业的训练，是茶人呈现一杯真实且美妙茶汤的必备前提。

一杯茶的表达，分太多层面，可由简入精，也可由实入玄。

生活中泡茶，激发情趣、传递温暖、讲究仪式，给平常的生活带来节奏感，搭建起其乐融融的人际关系通道。但如果时间没有那么充裕，做到快捷方便、浓淡适宜就好，对自己是方便健康，对来访的客人则是表示客来敬茶的礼敬和真诚。

办公室用茶，有所规矩、有所考究，但又不能繁复。工作之余喝杯茶，调剂紧张，转换情绪，利于思考。接待客户时奉上一杯茶，可以营造冷静友善的交流氛围，同时也可表达一份恰到好处的职业修养，让合作变得更加顺畅和美好。

茶馆中的茶事服务，以专业、周到、方便客人为前提，让客人在消费的同时，能对茶叶知识及冲泡技法有相应的了解和学习，担负起传播茶文化、和谐生态的社会责任。

专业的茶事活动，茶师对一杯茶的表达会更加严谨、有仪式感，不仅要通过泡茶技艺传递茶的苦甘香韵，还要通过身心合一的行茶状态，传递一杯茶的能量，与茶友们于一杯茶里喜悦共生。

一杯茶，很微小，但可以承载起生命中的"大"用。在健康喝茶的前提下，把泡好·喝懂一杯茶作为一条探寻生命的路径。于是，我们制订"茶师十律""茶席六要""和静茶修·行茶十式"，以及将仪式感于行茶中量化，并倡导在茶修理念"日日行茶·时时修持"的过程中，恪守规矩、精专深入、反复打磨、感知细微。渐渐地，我们开始觉醒觉悟。

觉悟，便是生命成长真正的开始。于是我们于一杯茶中觉察、拷问——当下的我们怎样才可以做得更好，人生的价值怎样来衡量和创造，生命的境界究竟能够到达哪里……也在一杯茶的学习与践行中，求证得解。每每静坐在茶台前，体会一呼一吸之间的心神安顿、进退取舍之后的知止有度、专注无碍的心手合一时，"能量在心·技艺在手"就得到了真实的转换，不需要思考是心在前，还是手在先，因为经过千百次的拿起放下，已修得——心神是形意的主宰，形意是心神的外化，心神与形意的无间连接。"能量在心·技艺在手"——能在一杯茶中显现，也可在生命方圆中随处安放。

一杯茶的能量，是天地间的存在，是茶人的承载，是专注的凝聚，是重复的叠加，是同气相感的同频共振，是于无形之中的有形，是无为之中的到达。

为此，我们精专地日日行茶吧，这样精进地共修与自修，会成就从量变到质变的奇迹。到那时，我们泡茶，一出手，就会呈现"能量在心·技艺在手"出神入化的大美，进而把高深的哲学命题融入一杯茶的澄明里，融入日常生活的细节中，修身立命，明德养慧！

一、专注的力量

　　我们经常出现这样的情况：出门走了几步突然恍惚——灯好像没关？门似乎没锁？有某个重要的东西没带？……

　　物质越来越丰富，我们越来越忙碌，方方面面的压力让人不能停歇，留给每件事情的时间和精力都难免打折扣——生命中歇脚的闲暇少了，放空大脑、松弛发呆的机会没了，让心灵静下来，细细地感受周遭的变化，更是变得奢侈。

　　身为形役，心为身累，我们无法把精力和心思聚焦到一处——丢失了专注的能力。

　　专注，是时刻保持正念，是聚焦心神，是制心一处。手跟着心走，心跟着神走，每一个当下无论是大事小情，都可以在意识的统领下，心手合一，一件一件专注地完成，让每件事情都有清晰的交付，不让混乱、懊恼、纠错等消耗精力和心绪。这才是解决效率问题的根本。

　　成堆的事务，频繁的约见，日程表已排满，不时还有新的安排加入……一天结束时，除了忙碌和疲惫，却想不起都做了些什么。在这样的茫然和无奈中，我们会心生怀疑："天天忙得团团转，到了心里却空荡荡，我这么做值得吗……"

　　扰乱我们的并不是忙碌本身，而是我们在忙碌中无法专注的状态。无法专注，心就无法安住，一切就会无序，带着情绪做事，一定会被情绪左右。这样就会忘记我们要到达的目的地，更谈不上还记得初心。因此，无法专注会消耗生命能量，越做越找不到价值和意义。

专注会接引我们到达静定、体会安住、享受自在。专注是方法，也是过程；是习惯，也是结果。古人云"一事精至，便能动人"。培养专注，要从意识开始，无论何时何地，无论年龄大小，只要愿意，都可以开始有意识地去训练。方法很多，只要认真体会，专注的力量就会随心而生。

我们取一把110毫升的"水平壶"，通过吊水来练习专注。用煮水器直接往壶嘴里注水，让身体放松、呼吸均匀，使水流细而不断；吊水的过程中，可能会感到手臂酸软、腰背僵硬，甚至呼吸紧张，无须担心，只要专注下来，执壶的手会越来越稳。这样反复训练，练着练着就会忘记时间及空间，心无杂念，身心合一。（关于吊水详见 P222—225《流水的静定》）

经过这样的练习，每次再坐到茶席前，我们就会多一分从容和坚定——执壶就是执壶，投茶就是投茶，注水就是注水，每一个动作都因专注而更加坚定纯粹。因为纯粹，所以更接近真实，更接近善美，也更接近智慧——这，便是专注的力量，非常美妙。

获得专注，就获得了"跟自己在一起"的能力。洒扫、做饭、泡茶、读书，每一件事情都是形在外、神在内的。当我们六神得主、心性清安，带着专注做事时，每一件事情都会明明了了——洒扫时安心洒扫，居室一点点洁净时，内心的尘霾也清了；饮食时踏实饮食，细细品赏滋味、从容吸收养分后，自然心满意足、平和康宁。

有了这样的生命状态，外界的任何风雨雷电只是你心中的风景。喜欢眼前的"动"，一切都真实自然，能够透过"动"

接收到"静"的本质，便是身心俱安。我们生命深层的鲜活则在这份专注静好中被一点一点唤醒，极致的喜悦便由此而生。

二、澄明的照见

　　"和静茶修"高阶课程的同学们，每次回来上课的第一天一定是从泡茶开始的。看到大家的行茶状态，喝过五水茶汤，就知道自上次结课到此时，各自在"日日行茶"上的践修情况，以及泡茶的功夫是否有长进，静定安住的修养是否有提升，心手合一的状态是否足够协调自在……这就是一杯茶里的照见，清清楚楚，无须多言。

　　2018 年开年，"幸福女子茶修"课程如约开课。同学们的第一泡茶是马头岩肉桂，喝过每个人泡的茶之后，我没有多说话，而是开始用同样的煮水器、盖碗，泡同一款茶，希望她们可以读懂茶汤里的表达。

　　我泡的茶斟好了，有位同学在第一杯茶入口时，眼泪就涌了出来。我以为她是出于感动，因为我在课堂上泡茶时常有同学因感动而热泪盈眶。但是，当这位同学带着止不住的泪水哽咽地说话时，她的表达深深地打动了我。

　　她说："今天的这杯茶让我看见了差距，我以为我可以了，跟老师学了这么久，又泡了这么多'马肉''牛肉'，我自认为自己太熟悉了……但今天的这杯茶汤让我清楚地看到了我的傲慢，我的自以为是，同时也让我明白了什么是真正的功夫，什么是见识，什么是美到极致……尤其是见识，见识是看到、知道之后的懂得，这样才会帮我们更好地做到！"她这种激动的情绪持续了很久，一直非常深刻地剖析自我，很直面、很透彻，她把自己勇敢地摔碎了，并于茶的澄明之中重塑自己。

我很感慨，这样一位才貌双全、性格刚烈的女子，能够这样敞开心扉，在一杯茶中清晰地看到自己，能够这样开诚布公地直视自己的不完美，这样的成长真的值得庆祝。这样的破而后立并非是理所当然的易事，它需要十足的智慧和勇气，要知道，很多时候美丽和聪敏很容易成为成长的障碍，就好比优秀既是走向卓越的必要条件也是超越自我的最大沟壑一样。

其实每个人与美好的机缘连接随时都可能发生，关键在于，经历每个当下时，你是否愿意全身心交付，是否可以无条件接纳，是否心神都在。如果可以做到，每个当下都会有幸福来敲门。

一杯茶给予我们的接引，就从看见开始，之后是接纳和不断地修正。我们愿意这样做的那一瞬间，身心就柔软了，眼前的世界就敞亮了，脚下的路就更宽阔了……生命能量就会这样蓄积，我们与外界的交换不会有亏空。

当我们自觉地建立通道，欢喜地如去如来，就消除了内与外的界限，内外便成为一体，不再有任何障碍，愿意与所有的人和事同情同理。

三、素淡的味道

"老茶骨"常会有这样的感慨：茶是越喝越浓，口是越养越刁。但对于我来说，浓淡都尝过之后，还是更喜欢淡淡的茶味，尤其一人独饮时。

独自喝茶时，我常会直接在茶杯里丢进几根茶叶，注上水后就静静地等待，不着急喝，等待茶叶完全展开，茶汤渐渐变得有了些许颜色，茶的清香似有似无……在片刻的等待中，让我有了更多的思考。

很多时候，因为清淡，更能够放松身心去亲近；因为清雅，更容易让心神安顿下来；因为清心，更容易觉知当下的获得……茶未入唇，只沉浸于这抹清、这丝淡的气场时，觉得已经远离凡俗、超然世外，妙不可言；待真实地呷上一口，便觉得做个现世的茶人更胜一筹。

喜欢淡茶，更容易调动味蕾；喜欢素装，更容易去掉心中挂碍；处世淡然，是内心安顿清净的呈现……这一切缘于爱上一杯茶。对此，我无比喜悦和满足，心中也常常窃喜。女儿经常戏说，妈妈跟茶是要谈一辈子的恋爱了。这虽是玩笑却也不无妥当。珍惜每一次行茶、品茶、分享茶的时光，我已把茶当成生命不可或缺的一部分，手中有没有茶、要不要时常提及，这都不重要，重要的是茶就在那里，在我的生命里。

　　与素淡相对的，是浓艳、是热烈、是妖娆。随着社会的发展，人们的价值取向越来越多元，小众文化也更多地走进大众视野。宁静的，喧嚣的，冷淡的，火热的，包容的，批判的，等等，无时无刻不在冲击着我们的视听。我们60后的生命轨迹是从素淡开始的，但现今生活的底色也由原本的素淡变得浓烈起来，我们一面享受着这份变化与丰富，一面也在思考着渐渐清晰的浓淡与轻重。

　　"明月松间照，清泉石上流。"这是我很喜欢的一句诗。泉之清灵、月之皓洁、石之磐礴、松之静谧，生动而有层次地构成了一幅动静和谐的画卷，尽显淡泊幽静的安然之势，又不乏轻盈自然的灵动之态。这是我向往的生命境界——以静谧打底，以鲜活点缀；于淡中知味，于素中得贵。

　　所以，在生活中，无论是穿衣装扮还是饮食社交，我也多以素淡示人、示己。这并非刻意，而是喜欢那份真味必淡

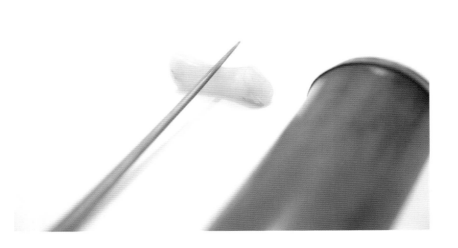

的虚静简致。淡淡的食物、淡淡的茶，味蕾得以清净，身体减少了负担；淡淡地交友、淡淡地往来，内心便得享自在清安，周遭一切更明朗简单。我所喜欢的素淡，不是无趣和冷清，也不是死寂和古板，更不是浓艳奢华之下的粉饰，而是一种时刻在修持的"把握"——不多一分，即是刚刚好。

　　保持素淡的生活状态，就更容易于纷扰忙碌中抽身。这样，路旁的鸟鸣花香，天上的白云流霞，孩童的欢声笑靥，茶汤的或浓或淡才能真正走进心里，才能让我们的内存整洁有序，给美好留有余地。正所谓"风恬浪静中，见人生之真境；味淡声稀处，识心体之本然"……这些才是生活里真正的滋味，也是生命中真正的高贵。

　　时而给自己泡一杯清茶，冲淡浓浊的过往，渐渐地，这浓浊便可澄明于茶汤之中，细细地品味，咂摸这份"归去，也无风雨也无晴"的超然，就会清晰地明了——素心无尘，才显生命质感；天清云淡，方能阳光普照！

四、留白的妙有

　　北京的和静园茶人会馆，总面积 2400 平方米，于 2010 年从设计到装修历经一年多的时间，到了收尾的室内陈列阶段，面对每个房间中为悬挂艺术品预留的空白墙面，身为总设计师的李冰先生（我的丈夫），思考许久，觉得不论挂什么作品、怎么挂，都略显刻意，都不能给空间更好地加分，最终决定让房间的墙面放空，从而给空间留白。这样，能让每个进入房间的人更好地沉静心绪，不被书法、水墨、油画、版画等干扰，与空间更好地相融。

　　这个空间经营至今有八年了。许多来过和静园的客人及朋友，对这里所呈现的美学修养给予了高度赞许，每个人都感受到了设计师的良苦用心。

　　和静园一楼大厅的候客区是整体空间的"眼"，很多来访者非常愿意在此拍照留念。候客区面积不大，反而聚气，罗汉床后面的墙上挂着一幅当代艺术家叶永青先生的《大鸟》，在 200×200 的画布底色上，他用独有的笔法画了一只孤立的大鸟，这只大鸟与黑色的钢框玻璃窗和明式家具组合在一起，让传统与现代的审美语境完美地相互映衬，不争不夺地呈现出疏朗通透的茶空间。这只大鸟，是黑色单勾线，留白大胆，在茶空间里，营造出增一分则多、减一分则少的禅意。

和静茶修学堂对茶席的设定，更是对极简主张的表达——以白色毛毡做铺垫，宣纸做辅衬，纯白色打底，没有任何渲染；所摆放的每一件器具都跟茶有关，没有任何多余的添加，充分体现"茶为席主，物尽其用"的行茶要求，力求达到"空而不少，少而不缺"的审美境界。

从茶席到行茶的习惯，呈现极简，达到极简，背后其实经历了漫长的过程——从复杂到精简，从刻意渲染到没有表达的表达。这一切记录着一个茶人的成长和自我蜕变后的纯粹。

空间的留白，体现了设计师以无相表达意象的审美功力，没有任何累赘，只有恰到好处的借势造势，巧妙地构建高雅与自由的和谐关系，实现了"大而不空、小而不拥"的完美气场。

绘画的留白，于虚实相生中点染主题，能让观者更好地走进画境，更好地产生共鸣和思考。比如，南宋马远的《寒江独钓图》可谓留白妙笔；明末清初八大山人的花鸟，以"白眼"点睛将愤世嫉俗的感怀表现得淋漓尽致。这样的传世之作，所传达的精神高度已远超作品本身。

为人处世的留白，是把握进退得当的尺度，没有强迫，不过分强调在意，因此而产生的美的距离会成就最温暖的风景。

留白，是东方艺术审美的至高境界，也是东方生活方式的美妙智慧。

五、真实的安静

　　我小时候，经常被老师和邻居夸赞安静和乖巧，渐渐地我的性格就越来越明确地成为这样，不多言不多语，尤其是人多的时候更是喜欢默默地静守，遇见陌生人总是习惯回避，久而久之，大家对我的印象又变成稳重和高傲。

　　生命里真正的成长是觉醒。那是多年前在陈宇庭夫妇的一次分享课上，陈宇庭的妻子央金拉姆引导大家跳禅舞。因为习茶多年，我懂得老师讲的放松及投入的真正含义，于是很容易地做到了。这是我生命中第一次相信自己也可以跳舞，并全心全意地感受自己的舞蹈——跟随自己心的意愿去舞蹈，享受舞蹈带来的生命体验。

　　这一刻，舞蹈不再是我的障碍，舞着舞着我仿佛推开了一扇门，一扇由内心通向肢体，再由肢体回归内心的自由之门。

　　这一刻，我真正释放了内心的情绪，尽情地舒展肢体，感受舞蹈带给我的前所未有的律动和喜悦，进而领悟自我突破和生命状态是"一切皆有可能"的。

　　这一刻，我知道我继续前行，可以更勇敢、更从容、更灵动。

　　这一次舞蹈，唤醒了我内心深处的觉知力。这是一种真实的觉醒！

对于如何理解和欣赏绘画、音乐等艺术作品，在我的知识体系里是自小就匮乏的。因此，在很长的时间里，我以为自己和艺术之间隔着难以跨越的屏障，只能敬而远之。但庆幸的是，一切关于美及美的哲学，我都在一杯茶里得到了补救，也获得了拆除围栏出去走走的愿望与激情，从而领略了别有洞天的世界，成为与之相匹配的精彩绽放的自己。

记得那次讲师班集体出行，我们去高震宇老师的工作室参学。坐在大巴上，舒卿老师组织大家唱歌，也把这当作打开训练的一部分。当我很认真地随着唱歌的人打着拍子时，坐在旁边的调皮的杨笑揭发道："老师，您是不是唱歌跑调？"我当时还没反应过来便回问一句："你怎么知道？"她说："因为你打的拍子都不在点儿上……"她的话音还没落，听到的人都已经笑得直不起腰了，尤其是我。我觉得杨笑这时的率性真是太可爱了。

如果在年轻时遇到这样的事，我会觉得特别难堪，也许会让我再也不敢在众人面前唱歌、打拍子了。但现在不同了，我以诙谐的方式去接受并自嘲，甚至想对她这样说："有机会你听听我唱歌，我会用对歌曲的理解和饱满的情感来弥补跑调，让你大吃一惊，哈哈！"

我很庆幸我不会因为跑调而不去唱歌，唱歌是一种表达，舞蹈也是一种表达。自从我享受过舞蹈的美妙后，在聚会气氛热烈时，我就会轻松地舞动起来。这让很多熟悉我的朋友觉得不可思议。

这些美好的生命体验，反过来对于泡茶也有更多助益。大家通常会认为泡茶、喝茶是件安静的事，我也认同，但更准确的说法应该是："茶人借茶修安静，想要的不仅仅是表面的安静、招式的安静、语言的安静……重要的是安静不能被安静所障碍，如果为了表现安静而使内心更加紧张，反而不能更好地享受泡茶的过程，无法给予对坐饮茶的人很好的代入感。"

比如泡茶手抖，这是认真习茶的人时有发生的事情。有几位学员都曾私下与我交流，询问如何解决手抖的问题。有的同学甚至怀疑自己可能不适合泡茶，因而会变得更加焦虑。这其实就是被安静及专注给障碍到了。初学者，有了想要做得更好的愿望，太在意别人的评判，就会过度紧张导致手抖。解决的办法很简单，就是反复练习，熟能生巧，量的积累注定会达到质的变化。当我们不再被技术及规矩所牵绊时，就能真正体会到安静的状态。

真正的安静，是灵动之中的静，是躁动之中的静，是挫败伤痛之中的静。于"动"中修"静"，才能达到纯然的"静"界。

为此，在"泡好·喝懂一壶中国茶"的课程中，我加入了打开训练。这种打开，可以通过认知、微笑、表达、唱歌、跳舞等多种形式，让性格偏内敛、内向的同学有所思考、有所尝试。当音乐响起，我们自然起舞的那一刻，有的同学被当下的感受感动得流泪了，于是开始舞蹈，于是身心自然而然地柔软、协调，于是真正理解了动与静的对立和统一。全身心舞蹈的过程，是真正放下内心对自我的桎梏，随着音乐律动，跟着内心的意愿，尽情地跳着，无限地打开，释放。没有会跳与不会跳，此时，舞者就是美的，舞蹈就是美好的。

　　这样的训练就是希望于打开、绽放中与大家达成共识——茶人的生命状态，不论是在茶席前还是在生活中，一定要有鲜活的味蕾、敏锐的触觉、通达的观照，并能够通过日日习茶的累积，把琐碎的生活过得有滋有味，无论发生了什么，都可以从容静定地面对。

　　当我们真正获得了安静的能力，就是获得从安而静、从静而定、从转到化，获得从能力到能量的升华。如此，就会让我们在所有的当下，都体会到自在静好，懂得知足、收获满足！

六、流水的静定

　　记得一位 IT 公司的高管——夏霜曾找到我，说最近工作效率特别低，总是不能集中精力想问题，布置工作时也很混乱，总觉得每件事情都很重要，每件事都会试图做到最好，但越是这样就越不能好好地思考和决策，非常焦虑。于是，她与我约茶，定在一个周六的下午。

　　一见面，就感觉到她是带着一身"杂尘"来的，眼神和心情都不透彻。看到她的样子，寒暄之后，我说："今天的茶，你来泡吧。"她有点疑虑，但没有拒绝。

　　"在正式泡茶之前，咱们先做个小游戏。"我一边说着一边让茶师备好了学堂上课吊水用的器具，请夏霜坐下，让她用泡茶用的煮水壶往一把小紫砂壶的壶嘴里注水。她不明就里地端起煮水壶，这时一段舒缓的音乐响起，我在旁边开始轻声地引导——

　　"我们现在试试用最慢的速度来往壶嘴里注水，看看会发生什么。"

　　她有些惊讶，但点点头表示同意，于是我继续引导——

　　"请放松身体，端正坐姿，调匀呼吸，保持呼吸的自然与平稳，让左手稳稳地拿起煮水壶，开始往紫砂壶的壶嘴里注水，以最慢、最细的水流注水，此时不要让身体有任何僵硬的地方，垂肩坠肘，感受身体，感受呼吸，感受水流与壶嘴的关系，感受注进壶嘴的水流，也感受流在外面的水流……不纠结、不对抗、不自责，只是清楚地看见，欣然地接受，清静地面对……"

不一会儿，水流已经从最初的断断续续变得连贯。经过几次反复之后，水流注到外面的越来越少，夏霜整个人越来越放松。这时，我告诉她试着闭上眼睛，继续重复注水的动作，她犹疑了一下，还是按照我说的做了。于是我又开始说话："请继续往紫砂壶的壶嘴里注水……"这时她虽然很明显地皱了皱眉头，但也准备开始了。刚开始注水的时候她有些紧张，还带着几分恐惧，我看出了她的情绪，便又轻轻地说道："用心注水就好了，用心去感受水流的到达，用心感受壶嘴的接受，用心感受一切的发生，这样，就不会恐惧，就不会怀疑，更不会焦虑，不用在意水流是不是注进了壶嘴，用手稳稳地把握水流的速度，用内心的能量把水流注进壶嘴，静静感受就好……"此时，我看到了她嘴角的微笑，看到了她微闭的双眼流出泪水……

吊水体验结束后，我们准备正式泡茶。此时的夏霜还在激动的状态中，刚进门时的那种灰暗已经褪去，恢复了往日的知性、端庄，神情也重现了鲜活和灵动。她非常兴奋地说："亲爱的琼姐，这太神奇了！刚开始的时候我很想去控制水流，又担心水流注不到壶嘴里，我越是想控制，想要结果，手就抖得越厉害，心跳和呼吸都乱了。之后跟着你的引导，跟着你的节奏，慢慢地就找到了感觉，我把意念专注地放到壶嘴，注水的手和手腕放松下来，水流反倒又稳又准了，我很享受这个过程，身心从来没有过的轻松和愉悦，好像到了另外一个世界。这个状态是不是叫作静定……"

她越说越激动，按捺不住地继续分享："但我还是听从了你的引领，闭上眼睛继续注水，我的担心和焦虑又出现了……哎呀，我说不太清，但是居然并没有发生太多的对抗情绪，比如放弃、比如纠结，反而有些期待即将发生的心理感受。"

她沉思了片刻，带着深深的思考和缓地自言自语："这个过程让我很清晰地看到了我的恐惧，我害怕我做得不够好，是你的引导把我接引过来，正视这个状态，看看我害怕的事情究竟会怎样发生，于是我继续跟着你的引导稳稳地、大胆地注水，因为是闭着眼睛，切断了感官，所以就更用心地去感受水的速度和流向，心念平静了，恐惧就消失了……当我张开眼睛的时候，眼前是一片澄明，突然想起一个朴素的成语——心明眼亮。太美妙了！今天的注水体验，让我明白了，做事情要对结果有足够的预判，并且要懂得哪些是我们必须接受的，哪些是可以规避的，哪些是应该放弃的，哪些是必须坚守的。原来，恐惧都是因为身处混沌，自己与自己的对抗。"

看着她轻快的样子，我也很开心，与其说她是在跟我分享，还不如说她是在自我梳理。看得出，她的心明亮了。这就是一杯茶的照见，其实并没有那么多"不可思议"的神奇成分，反倒是格外朴素。这杯茶，并不为我们增加什么，它只是调动了我们生命里原有的能量——专注、安顿、澄明。这些都是我们生来就有的能量，只是在日复一日中被焦虑和压力障碍住了。

亲近一杯茶，不需要太多的理由，当"她"来到面前的时候，恭敬地端起，认真地喝下，静静地回味。这便足矣。

七、永恒的时尚

　　2017 年，和静茶修的课程落地郑州喜舍茶馆。开课的前一天晚上，我第一次走进这个位于喜来登酒店的茶文化空间——喜舍。让我有些惊喜的是，这么晚了，共同筹备这次课程的五位年轻人还在等我。落座后，茶人杨志锦先生用和静茶修的行茶十式工工整整地为我泡了一杯洗尘茶。这一刻，我的内心温暖且感动。

　　这五人是创业路上的好朋友，也是和静茶修学堂的同期同学。为了筹备茶修课程在郑州落地，他们用足心思举办了一场生动的茶会，五个人分别担任席主。他们的行茶状态，以及他们对茶修感悟和收获的真诚分享，让熟悉他们的朋友刮目相看，也让新结识的朋友对茶有了更深的理解。他们的改变及践行，形成了一种影响力，彼此带动，彼此鼓励。更重要的是，他们的做到让很多身边的人对茶及泡茶这件事有了全新的思考。

　　这五个年轻人的身份各有不同，但在一杯茶里同频了。我在他们身上看到了一股力量，一股对传统的承袭、对当代文化的表达、对自我价值嘉许的美好力量。这五个人都有独特的个性和时尚的姿态——帅帅的李毅，细腻的文虎，酷酷的周墨，仙仙的逸飞，稳重的杨志锦。他们的身份不同，有设计师、财务人员，还有茶馆馆主，但他们在一杯茶里成为茶人，也成为散发着中国传统文化能量的时尚达人。

我们处在传统与时尚相互承接的脉络里，由一杯茶为源，我们的思考就可以纵贯中华文化五千年的历史变迁。

漫漫历史长河中，一杯茶，于唐宋元明清各个时期的茶桌上，热过，芬芳过。无论这杯茶的饮者是谁（是一朝天子还是文人墨客，是高官显贵还是贩夫走卒），无论这杯茶身处何时何地，它始终是一种文化的呈现，一种时尚的引领。

日新月异的当代，我们历经了二十世纪九十年代初至今的茶文化复兴，用将近三十年的集体努力，让茶融入强国兴邦的进程中，融入传统智慧的复苏中，融入文化自信的提升里……如今，茶文化在这个时代有了不可或缺的一席之地。

当然，随着茶业发展、文化复兴，很多人也担忧——传统的泡茶、喝茶方式，是喜欢新潮时尚的年轻人难以接受、传承的；所以，茶一定要立足传统、与时俱进，要在传承中创新，这样才能在新时代焕然新生，才能让年轻人乐于接受和承续。

当这样的声音越来越多时，我们不时会看到不同形式的创新，尤其在网络化的大背景下，真是没有做不到，只有想不到。我惊叹于这个时代的变化及变化带来的惊喜。然而，鉴于我对茶的热爱和多年的修习心得，鉴于我看到越来越多的年轻人走进学堂快乐学习，尤其是看到这五位郑州的年轻人对分享一杯茶所做的努力，我不由得要发问："我们对现在的年轻人足够了解吗？我们是否做到了把关于茶的优秀传统和优秀文化带给年轻人，让他们真正接受茶的滋养？我们是否太主观地认为年轻人不喜欢接受传统的一切，包括茶……"

每一个时代中，有文化含量、有底蕴的时尚注定成为经

左起：杨志锦、逸飞、周墨、李毅、张文虎

典，而这经典又会承载着美好与精神继续传承下去，成为惠及后人的优秀传统。

如若一味地陷在对传统的担忧里，难免就会局限在"为了不同而强求创新"的思维中。我在这里探讨这个问题，并非批判，而是希望以一种商榷的姿态来思考，如何让一杯传统的中国茶与现代生活、现代文化更好地结合。

我们不得不承认，经过了近三十年的茶文化复兴推动，我们已经迎来了"人人喝茶"的时代。各种聚会里，已经很少再听到有人说我不喝茶。

我们看到，越来越多的年轻人开始在快节奏的繁华生活里寻根、寻找精神家园，他们希望自己能够认真地泡一杯茶，渴望享受泡茶带来的那份宁静与安顿；当他们真正喝到对的茶，就会放下对各种饮料的依赖，生出对茶的归属感；当他们愿意以茶的名义邀约好友，聚会的氛围和彼此的状态会更加轻松有氧了……

我们看到，年轻人正在以他们的方式接纳茶、爱上茶。在他们眼里，并不存在传统与现代的隔阂。他们会融合时代的多元文化，不古板、不晦涩、轻轻松松地接纳传统，之后，还会以自己的方式让传统成为时尚。

　　这样梳理下来，可以说——传统与时尚，其实是历史长河中并行交替的轮回！

　　我们的使命，就是把经典的茶经典地分享出去。在这杯茶里，与年轻人分享仪式感之外的高雅，规矩之下的自在，苦涩之后的回甘。当年轻人真正了解何为传统精髓，何为经典文化，他们一定会喜欢与之亲近，他们会爱上茶，爱上诗词，爱上水墨，爱上琴棋，爱上那些古老的文明。对于这一点，我无比自信，我相信只要他们触碰到，就一定会找到通道，我更相信他们会在其中收获足够的能量去热爱、去转化、去分享……如此，时代之河就会在这份对传统的悦纳和赋能中流淌出时尚的新流。

　　古老的文明，历史的积淀，历代先贤的智慧……厚重的文化如何通过我们的努力真正送达给年轻人，让年轻人通过学习和感受，更准确、更真实、更深入地了解传统文化表象之后的精神脉络，让他们能够自己挖掘出这份宝藏背后的无限滋养，是我们这一代人的责任。

　　当我们把好的东西呈现出来，表达出来，就是对这个时代的匆忙与焦虑的一种回答。在这个连接的过程当中，不仅是年轻人，还有我们这一代人，会渐渐放下判别，不再把传统放到时尚的对立面，无须在担忧中消耗精力和热情，而是以一种更轻松的方式去接受、去解读。而这份美好的、有价值的精神内核，必定会被社会的主流关注，必定会被有识之士在传承的过程中继续赋能，必定能汇集一种力量，被热切地欢迎，被喜悦地拥抱，被无限地分享，被永恒地传递。

八、感动的仪式

　　最近，想就"仪式感"写点什么，于是，脑海中就浮现出一位长者曾对我讲过的他小时候的故事。

　　这位长者刚刚起了话头，就陷入深深的回忆，他沉浸于往昔的诉说，似乎有种魔力，将我带回到他的童年，那场景鲜活地在我眼前展开，他的声音在我耳边悠悠响起，如画面的旁白："小的时候，我还没有桌子高，爷爷就经常带着我看字赏画。爷爷赏画是一定要择日的，他掐指一算，就会告诉书童赏画的日子和时辰。到了这天，一定是阳光明媚的好天气。整个流程书童已烂熟于心，他一大早起来就会把书房打理好，点好香炉，香一定要雅、要沉，不能艳，否则就乱了气氛。待阳光从窗棂斜射进书房时，他开始泡茶，沸水冲进紫砂壶那一刻，就是爷爷拉着我推门进来的时候。对这种分毫不差，小时候的我是习以为常的，但现在想来真是不可思议。

　　"接着，爷爷在铜盆里净手，他用眼睛对我一示意，我就马上踮着脚把小手放进盆里，也认真地洗好。爷爷拿起紫砂壶对着壶嘴喝了几口，放下紫砂壶很满足地在屋子里背着手踱步一周，好似在思量什么，又像在等待什么，时间不长他便坐到四出头的紫檀高背大椅上，缓缓地打开已经备好的字画长卷——这个环节是不能让书童动手的——此时阳光斜射在展露出的画面上，一切都刚刚好。爷爷向我招招手，并不作声，我便知道可以站到专为我准备的脚踏上跟着爷爷赏画了。从这时起，爷爷才会开口说话。爷爷告诉我——赏画，画里画外都要讲究，熏香静场，阳光正好的时候才是赏画的最佳时分，喝口茶是为了清口，不让浊气染了古画的清净。第一次听爷爷解释这个讲究时，我恍然大悟，那一刻幼小的我就把对爷爷的崇拜深深地放在了心里。

"爷爷第一次带我赏书画时就对我说过，打开手卷的那一刻，是在跟古人对话，容不得半点造次，必须带着敬畏之心，准备好全部的心思，专心致志地入画，才有可能长见识、有获益；对于古书古画，尤其是经典，千万不可轻率地说看过，否则会被人视为不知深浅。古圣经典，是需要反复欣赏、学习的，否则为什么要说'赏画'而不说'看画'呢……"

讲到此时，我已被老人家那种陶醉、回味的情态深深感染了，仿佛我也置身于那间书房，和他一起站在画案前，一同在曼妙的光影下入画……

这样的场景，无论什么时候想起我都会肃然起敬。敬的是中国人骨子里的那份仪式感。这种仪式感，给人风骨，予人德行；嘱子孙教诲，让家风传承。

现在，我们生活的时代变了、背景不同了，但只要我们愿意，外在的一切都不影响我们内心的要求。

我是借由一杯茶，完成了自己对仪式感的诉求和表达的。在多年的行茶过程中，我越做越简约，越做越严谨，越做越融入……现在，每泡完一道茶，我都会将敬畏之心与这杯茶一同奉上，把这种满带喜悦、感动的仪式感传递给茶友和同修。

其实，日常生活里也是需要调性的，哪怕只是煮一碗素面，做两道小菜，盛放所用的器具也应该用心选搭。面盛进碗里，配上或青，或黄，或红的菜码；菜在盘里，摆成色香味形无不精心的品相——简简单单的一餐，也是时时修持的功课。

仪式感并非专属于盛大节日或重要事件。于我而言，它其实是一种对己、对人、对事的敬畏心，是坚持在滚滚红尘里刻下自己独有形迹的不妥协。

一顿送上门来的外卖，再稍微花一点点时间，把餐食装在餐具里，把水果摆在果盘中，把零食拆包放在干果碟上……借助简洁且郑重的仪式，即便是吃快餐，也能让我们在细节中体悟生命的质感。心到了，感受就到了。于日常惯性中多一点趣味、多一点心思、多一点创意，我们的生活就会变得不同寻常。

有仪式的生活，享受在其中，值得期待，更值得回味。

后记：约茶

  我第一次用"约茶"这个词，大约是在二十年前。当时，因为经营需要，我计划给茶馆印一些客人订位的卡片，那时，类似的卡片都会印有"订餐电话""订位电话"等，但我觉得喝茶这件事是不同的，脑子里一闪念就出现了"约茶"二字。于是，和静园的卡片上就出现了"约茶电话"，沿用至今。

  在我看来，到茶馆喝茶，其实就是人与茶的约会。约茶，就是想表达与茶相约，同时也是借由茶与自己相约、与朋友相约、与一切美好相约。心理的准备、沟通的状态、达到的结果都会相对理性、平和、友善……

  看到卡片上的"约茶"二字，大家会更明了和静园所做的事情。从 1996 年到现在，一杯茶，一个空间，一个团队，一群茶友……茶馆经营了二十多年，茶友们陪伴了二十多年，团队努力了二十多年，企业成长了二十多年。这二十多年，因为信任便有了长久的支持，因为美好便有了持续的邀约，因为有更多的期待所以我们一直都在，不约而在！

我们每每赴一次重要的约会，都会有所准备，以茶的名义约会，更应如此。

借一杯茶与自己相约。净手清口，布席备具；选一款当下最适合的茶品，找一把 40 毫升的迷你小壶；音乐响起，水沸正当时，开始专注地泡茶——每一次的注水出汤，每一杯的啜饮觉味，每一回的人茶合一，每一个当下的清醒梳理和觉知……与自己相约，我们需要一个通道，有了这杯茶，尤其是在有仪式感且专注的行茶过程中，我们越来越靠近自己，越来越清晰地看见自己，渐渐开始接纳自己，愿意真正地修正自己，也会更好地爱惜自己。与自己相约，是生命里不可缺少的片段。能找到适合自己的方法，是非常值得庆幸的事情。

借一杯茶与朋友相约。当我有一款好茶，想到适合的朋友，发几条微信，报出茶的名字，约茶的时间就迫不及待地定下来了；开始泡茶时，大家就带着相同的欢喜一起进入茶味，品茶之余，会从茶转向聊各自的生命状态，彼此支持、相互滋养，此时的茶成了光明的通道。

借一杯茶与岁月相约。我有个念想，等我八十岁时，要邀约有缘的爱茶人，欢欢喜喜地共赴一场茶之盛宴，共品岁月滋味，回味生命风景。

为了这个念想，我已经存了好多喜欢的茶，想着想着，仿佛开箱仪式就在眼前了……

生命状态是每时每刻的自然存在，只因平常的生命太自然，以致常被我们忽略，总是出现了重大状况才反省，才后悔不已、懊恼纠结。好朋友借茶相约，就是借助茶的载体，让诸多的情绪多一些被照见，对急于解决的问题多一些理性思考，对生命里的关系多一些爱的呵护。借平衡的茶汤，来平衡生命关系，其实，我们都可以把生命里的日常照料得更好。

借由一杯茶，我们可以邀约日月、邀约风露、邀约精致、邀约赤诚；

借由一杯茶，我们可以走进山林，于雾里听风；

借由一杯茶，我们可以蹚过小溪，观溪涧滴翠；

借由一杯茶，我们可以回到真实的生活中，享受素淡之味。

逆水行舟时，我们约茶吧！

功成名就时，我们约茶吧！

觉醒觉悟时，我们约茶吧！

岁月静好时，我们约茶吧！

这本书呈上，权当是一次邀约，约您在合适的时间，来这里，喝一杯茶！

在这里要特别感谢王娇、郭宝泉、汪跃龙、张舒卿、张俐，在写作过程中给我的协助。

和静茶修学堂讲师团队

和静茶修

借茶修为·以茶养德

以"泡好·喝懂一壶中国茶"为基础

建立专业泡茶及品鉴体系

一门精进，一生同修

提升幸福能力

陪伴生命成长